小学算数の復習 &
中学数学の
さきどりノート

数研出版
https://www.chart.co.jp

本書の使い方

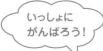

いっしょに
がんばろう!

数犬チャ太郎

小学校では「算数」でしたが，中学校では「数学」になります。

本書「小学算数の復習＆中学数学のさきどりノート」では，小学校の算数の復

習と中学1年生の数学の授業で学習する内容をわかりやすく解説しています。

● 小学校の復習

1単元2ページで構成されていて，11単元あります。

単元のポイント

練習問題

● 中学校の予習

1単元4ページで構成されていて，12単元あります。

単元のまとめの問題

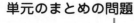

単元の
ポイント

練習問題

コラム

勉強の息ぬきに，読んでみよう。

もくじ 小学校の復習

数, 整数の計算

（計算のきまりを使いこなそう）

整数は偶数と奇数に分けられる

●偶数…2でわりきれる整数。（0は偶数）

●奇数…2でわりきれない整数。

> 整数は，0，1，2，3，…だね。

最小公倍数と最大公約数

●最小公倍数…公倍数のうちでもっとも小さい数。

●最大公約数…公約数のうちでもっとも大きい数。

小数と分数

●分数を小数になおす…分子を分母でわります。　【例】　$\dfrac{3}{4} = 3 \div 4 = 0.75$

●小数を分数になおす…10や100を分母にします。　【例】　$0.3 = \dfrac{3}{10}$

練習1　次の問題に答えましょう。

(1) 次の数を，偶数と奇数に分けましょう。

    13　　24　　71　　100

(2) 次の問題に答えましょう。

  ① 12と16の最小公倍数をかきましょう。

  ② 91と104の最大公約数をかきましょう。

(3) 小数は分数で，分数は小数で表しましょう。

  ① $\dfrac{2}{5}$ ② $\dfrac{3}{8}$ ③ 0.9   ④ 1.27

計算のきまり①

a ＋ b ＝ b ＋ a

(a ＋ b) ＋ c ＝ a ＋ (b ＋ c)

【例】 (56 ＋ 38) ＋ 62 ＝ 56 ＋ (38 ＋ 62)

$\qquad$ ＝ 56 ＋ 100 ＝ 156

a × b ＝ b × a

(a × b) × c ＝ a × (b × c)

【例】 (37 × 4) × 25 ＝ 37 × (4 × 25)

$\qquad$ ＝ 37 × 100 ＝ 3700

 計算のきまり②

a × c ＋ b × c ＝ (a ＋ b) × c

a × c － b × c ＝ (a － b) × c

【例】 73 × 3 ＋ 27 × 3 ＝ (73 ＋ 27) × 3 ＝ 100 × 3 ＝ 300

a ÷ c ＋ b ÷ c ＝ (a ＋ b) ÷ c

a ÷ c － b ÷ c ＝ (a － b) ÷ c

【例】 85 ÷ 5 ＋ 15 ÷ 5 ＝ (85 ＋ 15) ÷ 5 ＝ 100 ÷ 5 ＝ 20

練習2 次の問題に答えましょう。

(1) 計算をしましょう。

① 84 ＋ 79

② 256 ＋ 605

③ 97 － 48

④ 703 － 195

⑤ 73 × 12

⑥ 425 × 184

⑦ 78 ÷ 3

⑧ 864 ÷ 72

(2) 計算をしましょう。

① 17 ＋ 39 ＋ 83

② 25 × 90 × 2

③ 88 × 7 ＋ 12 × 7

④ 123 × 9 － 23 × 9

⑤ 975 ÷ 5 ＋ 25 ÷ 5

⑥ 172 ÷ 4 － 72 ÷ 4

2 小数, 分数の計算

（小数の筆算は，小数点の位置に気をつけよう）

小数の計算

●小数のたし算，ひき算の筆算

　小数点をそろえてかきます。次に，下の位から順に計算していきます。

●小数をかける筆算

　整数×整数の筆算と同じように計算をします。次に，積の小数点を，かけられる数とかける数の小数点の右にあるけたの数の和だけ，右からかぞえてうちます。

●小数でわる筆算

　わる数が整数になるように小数点を右にうつします。わられる数の小数点も同じだけ右にうつします。次に，整数でわるときと同じように計算をします。商の小数点は，わられる数の右にうつした小数点にそろえてうちます。

練習1　筆算でしましょう。わり算はわりきれるまで計算しましょう。

(1)　7.6 ＋ 9.7

(2)　28.1 ＋ 1.9

(3)　6.3 － 2.8

(4)　5 － 1.4

(5)　4.2 × 7

(6)　3.1 × 8.5

(7)　9.6 ÷ 4

(8)　3.35 ÷ 2.5

分数の計算

●分母がちがう分数のたし算，ひき算

　通分して，同じ分母の分数になおしてから計算します。

●分数をかける計算

　分数×分数の計算は，分母どうし，分子どうしをかけます。

●分数でわる計算

　分数÷分数の計算は，わる数の逆数をかけます。

●小数と分数のまじった計算

　小数を分数になおしてから計算します。

　0.3 は $\dfrac{3}{10}$，0.19 は $\dfrac{19}{100}$ のように，分母を 10 や 100 にします。

練習2 　次の問題に答えましょう。

約分できるときは，約分をしよう。

(1) 計算をしましょう。

① $\dfrac{2}{7} + \dfrac{3}{5}$

② $1\dfrac{2}{3} + 2\dfrac{5}{6}$

③ $\dfrac{7}{9} - \dfrac{1}{2}$

④ $3\dfrac{1}{4} - 2\dfrac{7}{12}$

⑤ $\dfrac{3}{8} \times \dfrac{2}{9}$

⑥ $1\dfrac{11}{15} \times 2\dfrac{4}{13}$

⑦ $\dfrac{7}{10} \div \dfrac{14}{15}$

⑧ $3\dfrac{1}{2} \div 2\dfrac{1}{3}$

(2) 計算をしましょう。

① $1\dfrac{1}{2} - 0.7 + \dfrac{1}{5}$

② $2.8 \times \dfrac{5}{6} \div \dfrac{7}{9}$

③ 百分率, 単位

(単位の計算はしんちょうに)

✎ 百分率

● 百分率…パーセント（％）で表した割合。

● 1％…割合を表す 0.01 のこと。

【例】 0.03 を百分率で表すと 3 ％

27％を小数で表すと 0.27

練習1　次の問題に答えましょう。

(1) 小数で表した割合を百分率で答えましょう。

① 0.8　　　　　　　　　　② 0.35

③ 1.4　　　　　　　　　　④ 0.02

(2) 百分率で表した割合を小数で答えましょう。

① 13％　　　　　　　　　② 180％

③ 5％　　　　　　　　　　④ 0.7％

(3) 25L の 40％は, 何 L ですか。

(4) 18 m は, 30 m の何％ですか。

(5) 定価が 200 円のおかしを 30％引きで売っています。おかしはいくらですか。

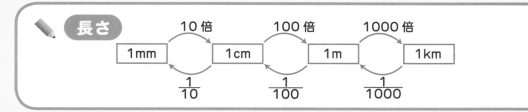

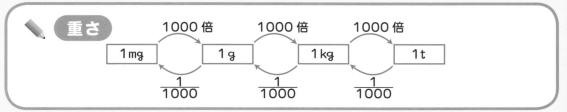

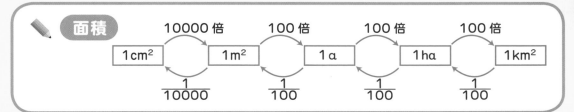

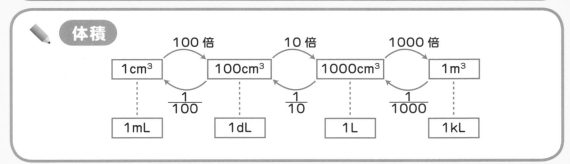

練習2 ☐ にあてはまる数をかきましょう。

(1) 1 m = ☐ cm

(2) 1km = ☐ m

(3) 1 g = ☐ mg

(4) 1 m² = ☐ cm²

(5) 1ha = ☐ a

(6) 1L = ☐ dL

(7) 1 m³ = ☐ cm³

4 平均, 速さ

（速さは, 単位時間に進む道のりで表す）

 平均の求め方

●平均＝合計÷個数

【例】 りんご4つの重さをはかったら, 右のようになりました。
りんごの重さの平均は何gですか。

 230g   232g

 226g   220g

式 (230 ＋ 232 ＋ 226 ＋ 220) ÷ 4 ＝ 227　答え　227 g

合計　　　　　　個数

練習1　　次の問題に答えましょう。

(1) 次の量の平均を求めましょう。

① 42 g　47 g　52 g　43 g

② 124 cm　135 cm　129 cm　133 cm　126 cm

(2) あるサッカーチームの最近 8 試合の得点は, 次のようになりました。

1, 2, 0, 0, 3, 1, 0, 2

最近8試合の1試合の平均の得点を求めましょう。

(3) 1日に本を平均 15 ページ読みます。2 週間で何ページ読むことになりますか。

速さ

●速さ…単位時間に進む道のり。

| 速さ | = | 道のり | ÷ | 時間 |

●時速…1時間に進む道のりで表した速さのこと。
●分速…1分間に進む道のりで表した速さのこと。
●秒速…1秒間に進む道のりで表した速さのこと。

単位に気をつけよう。

練習2 次の問題に答えましょう。

(1) 480 m の道のりを8分かけて歩きました。歩く速さは分速何 m ですか。

(2) 時速 65 km で走る電車が3時間で進む道のりは何 km ですか。

(3) 分速 140 m で走る人が,2100 m 進むのにかかる時間は何分ですか。

(4) コピー機 A は,5分で 190 まいコピーができます。コピー機 B は,14分で 560 まいコピーができます。どちらのコピー機の方が速くコピーができますか。

(5) 時速 36 km は,分速何 m ですか。また,秒速何 m ですか。

 36km を m になおすと,36000 m だね。

5 文字と式

（文字を使って式をつくろう）

 文字と式①

【例1】 1個20円のあめをいくつか買います。x 個買うと，代金は，

$20 \times x$（円）です。

あめを1個買ったときの代金は，$20 \times 1 = 20$（円）

あめを5個買ったときの代金は，$20 \times 5 = 100$（円）

あめを10個買ったときの代金は，$20 \times 10 = 200$（円）

文字と式②

【例2】 1個120円のプリン x 個を，200円の箱につめたときの代金の合計は，

$120 \times x + 200$（円）です。

プリンを5個買ったときの代金は，$120 \times 5 + 200 = 800$（円）

プリンを10個買ったときの代金は，$120 \times 10 + 200 = 1400$（円）

練習1 次の問題に答えましょう。

(1) 1個50円のガムを x 個買います。代金の合計を式に表しましょう。

また，ガムを4個，8個，12個買ったときの代金の合計をそれぞれ求めましょう。

(2) 1個300円のりんご x 個を，400円のかごにつめます。代金の合計を式に表しましょう。

また，りんごを3個，4個，5個買ったときの代金の合計をそれぞれ求めましょう。

文字と式❸

【例3】 底辺が 4 cm，高さが x cm，面積が y cm^2 の平行四辺形があります。

x と y の関係を式に表すと，

$4 \times x = y$ です。

x（高さ）が 6 cm，8 cm，10 cm のときの y（面積）をそれぞれ求めると，

$x = 6$ のとき，$y = 4 \times 6 = 24$（cm^2）

$x = 8$ のとき，$y = 4 \times 8 = 32$（cm^2）

$x = 10$ のとき，$y = 4 \times 10 = 40$（cm^2）

練習2 　次の問題に答えましょう。

(1)　たてが 8 cm，横が x cm の長方形の面積は y cm^2 です。x と y の関係を式に表しましょう。また，x が 5，10，15 のときの面積を求めましょう。

(2)　水が 800 mL あります。x mL 飲むと，残りは y mL です。x と y の関係を式に表しましょう。また，x が 100，200，300 のときの残りの水の量を求めましょう。

(3)　120 円のジュースと x 円のパンを買ったときの代金の合計は y 円です。x と y の関係を式に表しましょう。また，x が 100，150，200 のときの代金の合計を求めましょう。

(4)　48 cm^2 の平行四辺形の底辺の長さが x cm のとき，高さは y cm です。x と y の関係を式に表しましょう。また，x が 6，8，12 のときの高さを求めましょう。

平行四辺形の面積を求める式は，
「底辺×高さ」だったね。

6 三角形, 四角形, 多角形, 円

（三角形の 3 つの角の大きさの和は 180°）

 四角形の特ちょう

	向かい合った1組の辺が平行	向かい合った2組の辺が平行	4つの角がすべて直角	4つの辺の長さがすべて等しい	2本の対角線の長さが等しい	2本の対角線が直角に交わる
台形	◯					
平行四辺形		◯				
長方形		◯	◯		◯	
ひし形		◯		◯		◯
正方形		◯	◯	◯	◯	◯

三角形, 四角形の角

- 三角形の 3 つの角の大きさの和…180°
- 四角形の 4 つの角の大きさの和…360°

ア＋イ＋ウ＝180°

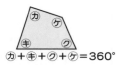
カ＋キ＋ク＋ケ＝360°

練習1 次の問題に答えましょう。

(1) 2 本の対角線が直角に交わり, 4 つの辺の長さがすべて等しい四角形は, 何ですか。

> 四角形の特ちょうの表を見て考えよう。

(2) 下の図で, ア〜エの角度を計算で求めましょう。

①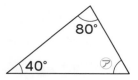

②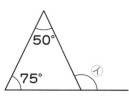

③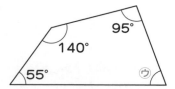

④

14

正多角形

多角形のうち，
- 辺の長さがすべて等しく
- 角の大きさがすべて等しい

多角形を，正多角形といいます。

【例】

正六角形

正八角形

 円周の求め方

● 円周＝直径×円周率

円周率は，ふつう，3.14 を使います。

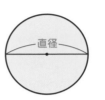
直径

練習2 次の問題に答えましょう。

(1) 右の正八角形で，㋐，㋑の角度は，それぞれ何度ですか。

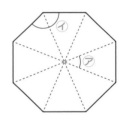

(2) 下の図形の周りの長さを求めましょう。

①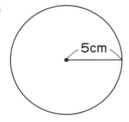
5cm

②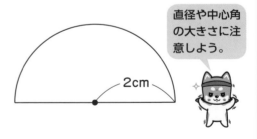
2cm

直径や中心角の大きさに注意しよう。

③
8cm

④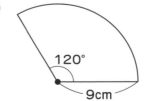
120°
9cm

7 面積

（いろいろな図形の面積を求める式は覚えているかな？）

いろいろな図形の面積を求める式

● 長方形の面積

　　たて×横

● 正方形の面積

　　1辺×1辺

● 三角形の面積

　　底辺×高さ÷2

● 平行四辺形の面積

　　底辺×高さ

● 台形の面積

　　（上底＋下底）×高さ÷2

● ひし形の面積

　　対角線×対角線÷2

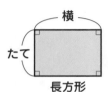

長方形

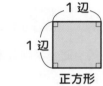

正方形

三角形　　平行四辺形

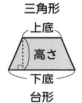

台形

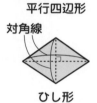

ひし形

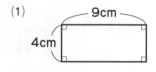

次の図形の面積を求めましょう。

(1)
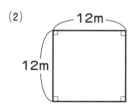

(2)
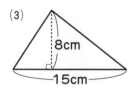

(3)
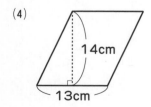

(4)
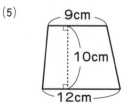

(5)
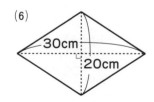

(6)

円の面積の求め方

●円の面積＝半径×半径×円周率

円周率は，ふつう，3.14 を使います。

練習2 次の問題に答えましょう。

(1) 次の円の面積を求めましょう。

①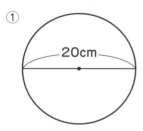

②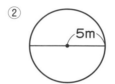

(2) 下の図形で，色のついた部分の面積を求めましょう。

①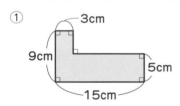

②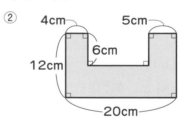

③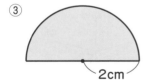

④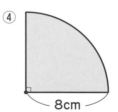

⑤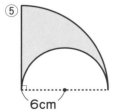

⑥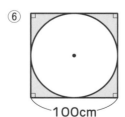

線対称，点対称

（対称な形について考えよう）

 線対称

●線対称な形…１本の直線を折り目にして２つに
　　　　　　折ったとき，両側の部分がぴった
　　　　　　り重なる形。

●対称の軸…上記の折り目の直線のこと。

●線対称な形の性質…・対応する辺の長さは等しい。

　　　　　　　　　　・対応する角の大きさは等しい。

　　　　　　　　　　・対応する２つの点をつなぐ直線は，対称の軸と垂直に交わる。

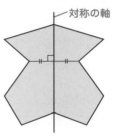

練習1　　次の問題に答えましょう。

(1)　右の図は線対称な形です。

　①　頂点 B と対応する点はどれですか。

　②　辺 CD と対応する辺はどれですか。

　③　角 E は何度ですか。

　④　直線 DK の長さは何 cm ですか。

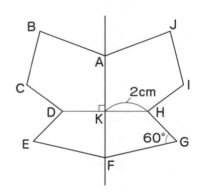

(2)　直線**アイ**を対称の軸として，線対称な形をかきましょう。

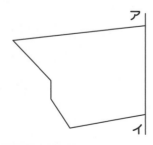

✏️ 点対称

●点対称な形…1つの点のまわりに180°回転させた
　　　　　　　とき，もとの形にぴったり重なる形。
●対称の中心…上記の1つの点のこと。
●点対称な形の性質…・対応する辺の長さは等しい。
　　　　　　　　　　・対応する角の大きさは等しい。
　　　　　　　　　　・対応する2つの点をつなぐ直
　　　　　　　　　　　線は，対称の中心を通る。
　　　　　　　　　　・対称の中心から対応する点ま
　　　　　　　　　　　での長さは等しい。

対称の中心

練習2　　次の問題に答えましょう。

(1)　右の図は点対称な形です。

①　頂点 C と対応する点はどれですか。

②　辺 EF と対応する辺はどれですか。

③　角 B は何度ですか。

④　直線 CO の長さは何 cm ですか。

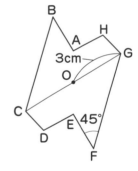

(2)　点 O を対称の中心として，点対称な形をかきましょう。

①

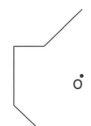

②

9 直方体，立方体

（頭の中で展開図を組み立てよう）

直方体と立方体

● 直方体…長方形だけ，もしくは，長方形と
正方形だけで囲まれた立体。

● 立方体…正方形だけで囲まれた立体。

さいころは立方体だね。

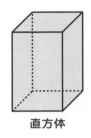 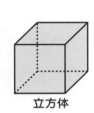

直方体　　　立方体

練習1　次の問題に答えましょう。

(1)　右の直方体をみて答えましょう。

① 面，辺，頂点の数はそれぞれいくつですか。

② 辺ABと垂直な辺はどれですか。すべて答えましょう。

③ 辺ABと平行な辺はどれですか。すべて答えましょう。

(2)　右の直方体の展開図を組み立てます。

① 点Aと重なる点をすべて答えましょう。

② 面⑦と平行な面はどれですか。

③ 面⑰と垂直な面はどれですか。

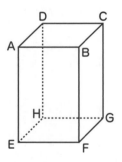

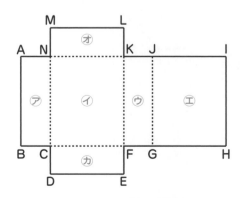

直方体，立方体の体積

●直方体の体積を求める式

体積 ＝ たて×横×高さ

●立方体の体積を求める式

体積 ＝ 1辺×1辺×1辺

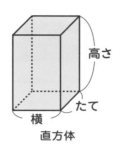

直方体

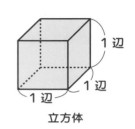

立方体

練習2 **次の問題に答えましょう。**

体積を求める式を利用しよう。

(1) 次の直方体や立方体の体積を求めましょう。

①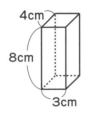

②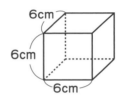

(2) 次の直方体の展開図を組み立ててできる立体の体積を求めましょう。

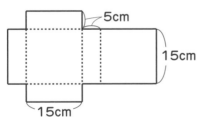

(3) 直方体を組み合わせた次の立体の体積を求めましょう。

①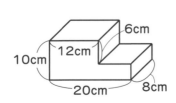

②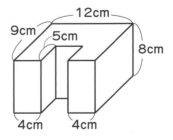

10 角柱，円柱

（円柱の側面は曲がっている）

 角柱と円柱

- **●角柱**

  底面…上下に向かい合った２つの面。

  側面…まわりの四角形（長方形か正方形）の面。

- **●円柱**

  底面…上下に向かい合った２つの面。

  側面…まわりの平らでない面。

  曲面になっている。

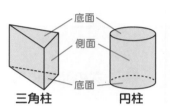

三角柱　　　円柱

円柱の底面は円だよ。

練習1　**次の問題に答えましょう。**

 底面の形に注目しよう。

(1)　次の立体の名称を答えましょう。

① 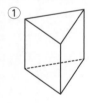　　② 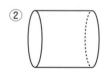　　③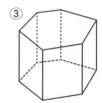

(2)　右の五角柱をみて答えましょう。

①　側面の数はいくつですか。

②　辺の数はいくつですか。

③　頂点の数はいくつですか。

④　底面に垂直な辺をすべて答えましょう。

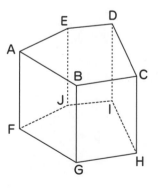

22

角柱，円柱の体積

●角柱，円柱の体積を求める式

体積 ＝ 底面積×高さ

 底面と高さは垂直だよ。

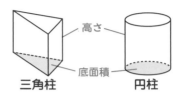

三角柱 　　　円柱

練習2 次の問題に答えましょう。

(1) 次の角柱や円柱の体積を求めましょう。

①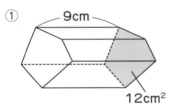

②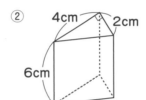

③

④

(2) 次の立体の体積を求めましょう。

①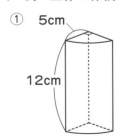

②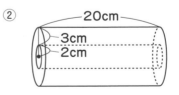

11 資料の調べ方

（いろいろな用語の意味を覚えよう）

 代表値

●資料の集まり（データ）

・最大値…データの中で最も大きな値。

・最小値…データの中で最も小さな値。

・ちらばりの範囲…最大値と最小値の差。

・平均値…（それぞれのデータの合計値）÷（データの個数）

・中央値…データを小さい順にまたは大きい順に並べたときのちょうど真ん中に
くる値。

・最頻値…データの中でもっとも多い値。

・代表値…平均値，中央値，最頻値などのように
データの特徴を表す値。

> データの数が偶数個のときは，真ん中の値は2つあるので，中央値はそれらの平均をとるよ。

> 最頻値は，データの数が最もたくさんある値だね。

練習1 次の問題に答えましょう。

次のデータは，ある小学生たちが学校へ通うときの，自宅から学校までの登校時間を調べたものです。

18 21 7 12 7 18 17 5 7 8 12

（単位は分）

(1) 最大値，最小値，ちらばりの範囲を答えましょう。

(2) 平均値を答えましょう。

(3) 中央値，最頻値を答えましょう。

データの整理

●ドットプロット…データを数直線上に表したもの。

●度数分布表…データをいくつかの範囲で区切ってまとめた表。

●階級…データを整理するための区間。

●階級の幅…区間の幅。

●度数…それぞれの階級に入っているデータの個数。

●ヒストグラム（柱状グラフ）…度数分布表を棒グラフのような形で表したもの。

練習2　次の問題に答えましょう。

練習1のデータを，ドットプロット，度数分布表，ヒストグラムの3つの形式でまとめましょう。

(1)　ドットプロット　　（例）

(2)　度数分布表

登校時間 (分)	人数（人）
5 分以上〜 10 分未満	
10　　〜　　15	
15　　〜　　20	
20　　〜　　25	
計	

(3)　ヒストグラム

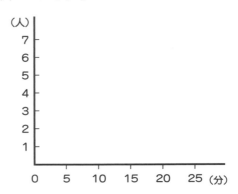

答えと解説

▶4～5ページ

1 数，整数の計算

●答え

練習1(1) 偶数…24, 100
　　　　　奇数…13, 71

(2)① 48　　② 13

(3)① 0.4　　② 0.375

③ $\dfrac{9}{10}$　　④ $\dfrac{127}{100}$

練習2(1)① 163　　② 861

③ 49　　④ 508

⑤ 876　　⑥ 78200

⑦ 26　　⑧ 12

(2)① 139　　② 4500

③ 700　　④ 900

⑤ 200　　⑥ 25

●解説

練習1(2)① 12の倍数は，12, 24, 36,
48, ……。16の倍数は，16,
32, 48, ……。よって，12と
16の最小公倍数は48。

▶6～7ページ

2 小数，分数の計算

●答え

練習1(1) 17.3　　(2) 30

(3) 3.5　　(4) 3.6

(5) 29.4　　(6) 26.35

(7) 2.4　　(8) 1.34

練習2(1)① $\dfrac{31}{35}$　　② $4\dfrac{1}{2}$

③ $\dfrac{5}{18}$　　④ $\dfrac{2}{3}$

⑤ $\dfrac{1}{12}$　　⑥ 4

⑦ $\dfrac{3}{4}$　　⑧ $\dfrac{3}{2}$

(2)① 1　　② 3

●解説

練習2(2)① $1\dfrac{1}{2} - 0.7 + \dfrac{1}{5}$

$$= \dfrac{3}{2} - \dfrac{7}{10} + \dfrac{1}{5}$$

$$= \dfrac{15 - 7 + 2}{10}$$

$$= \dfrac{10}{10} = 1$$

▶8～9ページ

3 百分率，単位

●答え

練習1(1)① 80%　　② 35%

③ 140%　　④ 2%

(2)① 0.13　　② 1.8

③ 0.05　　④ 0.007

(3) 10L

(4) 60%

(5) 140円

練習2(1)　100　　　(2)　1000

(3)　1000　　　(4)　10000

(5)　100　　　(6)　10

(7)　1000000

●解説

練習1(3)　40%を小数で表すと0.4だから，

$25 × 0.4 = 10$（L）

(5)　30%を小数で表すと0.3だから，

200円の30％は，

$200 × 0.3 = 60$（円）

よって，$200 - 60 = 140$（円）

練習2(4)　1mは100cmだから，

$1m × 1m = 100cm × 100cm$

$1m^2 = 10000cm^2$

(5)　1haは，

$100m × 100m = 10000m^2$

1aは，

$10m × 10m = 100m^2$

よって，$1ha = 100a$

▶10〜11ページ

4 平均，速さ

●答え

練習1(1)①　46g　　②　129.4cm

(2)　1.125点

(3)　210ページ

練習2(1)　分速60m

(2)　195km

(3)　15分

(4)　コピー機B

(5)　分速600m，秒速10m

●解説

練習1(3)　1週間は7日なので，2週間では

14日。

$15 × 14 = 210$（ページ）

練習2(5)　36kmは36000mで，1時間は

60分だから，

$36000 ÷ 60 = 600$（m/分）

1分は60秒だから，

$600 ÷ 60 = 10$（m/秒）

▶12〜13ページ

5 文字と式

●答え

練習1(1)　$50 × x$（円）

200円，400円，600円

(2)　$300 × x + 400$（円）

1300円，1600円，1900円

練習2(1)　$8 × x = y$

$40cm^2$，$80cm^2$，$120cm^2$

(2)　$800 - x = y$

700mL，600mL，500mL

(3)　$120 + x = y$

220円，270円，320円

(4)　$48 ÷ x = y$

8cm，6cm，4cm

●解説

練習1(2)　1個300円のりんごx個で，

$300 × x$（円）

これを，400円のかごにつめるの

だから，代金の合計は，

$300 × x + 400$（円）

練習2(2)　残りの水の量は，

$$\underset{800}{元の水の量} - \underset{x}{飲んだ水の量}$$

27

(4) 平行四辺形の面積を求める式は,

$$\underset{x}{\underline{底辺}} \times \underset{y}{\underline{高さ}}$$

▶ 14 ～ 15 ページ

6 三角形, 四角形, 多角形, 円

●答え

練習1(1)　ひし形, 正方形

(2)①　60°　　②　125°

③　70°　　④　65°

練習2(1)⑦　45°　　⑦　135°

(2)①　31.4cm　　②　10.28cm

③　28.56cm　　④　36.84cm

●解説

練習1(2)①　180°−(80°＋40°)=60°

③　360°−(95°+140°+55°)

=70°

練習2(1)⑦　360°÷8＝45°

⑦　下の図で, 三角形 OAB は二等辺三角形である。⑦は⑦と等しいので 45°である。

㋓ は, (180°−45°)÷2＝67.5°

よって, ⑦は, 67.5°×2＝135°

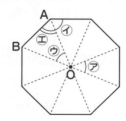

(2)①　5×2×3.14＝31.4 (cm)

③　8×2×3.14÷4＝12.56

12.56＋8×2＝28.56(cm)

④　9×2×3.14÷3＝18.84

18.84＋9×2＝36.84(cm)

▶ 16 ～ 17 ページ

7 面積

●答え

練習1(1)　36cm²　　(2)　144m²

(3)　60cm²　　(4)　182cm²

(5)　105cm²　　(6)　300cm²

練習2(1)①　314cm²　　②　78.5m²

(2)①　87cm²　　②　174cm²

③　6.28cm²　　④　50.24cm²

⑤　56.52cm²　　⑥　2150cm²

●解説

練習1(5)　(9+12)×10÷2＝105 (cm²)

(6)　30×20÷2＝300 (cm²)

練習2(1)①　半径は 20÷2＝10 (cm)

よって,

10×10×3.14＝314 (cm²)

②　5×5×3.14＝78.5 (m²)

単位に気をつけよう。

(2)③　2×2×3.14÷2＝6.28(cm²)

④　8×8×3.14÷4

＝50.24 (cm²)

⑤　12×12×3.14÷4−6×6

×3.14÷2＝56.52 (cm²)

⑥　100×100−50×50×3.14

＝2150 (cm²)

⑧ 線対称，点対称

●答え

練習1(1)① 点J　② 辺IH

　　　③ 60°　④ 2cm

(2)

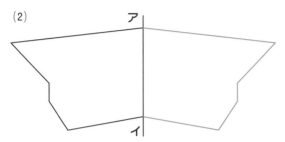

練習2(1)① 点G　② 辺AB

　　　③ 45°　④ 3cm

(2)①

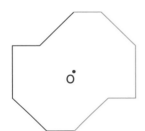

②

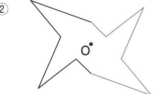

⑨ 直方体，立方体

●答え

練習1(1)① 面：6，辺：12，頂点：8

　　　② 辺AD，BC，AE，BF

　　　③ 辺DC，EF，HG

(2)① 点I，M　② 面㋓

③　面㋑，㋓，㋔，㋕

練習2(1)① 96cm³　② 216cm³

(2) 1125cm³

(3)① 1216cm³　② 704cm³

●解説

練習2(2) 展開図を組み立てると，下の図の
　　　ような直方体になる。

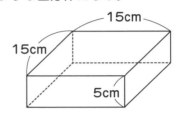

(3)①

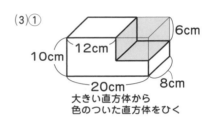

大きい直方体から
色のついた直方体をひく

②

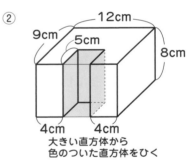

大きい直方体から
色のついた直方体をひく

⑩ 角柱，円柱

●答え

練習1(1)① 三角柱　② 円柱

　　　③ 六角柱

(2)① 5　② 15　③ 10

　　　④ 辺AF，BG，CH，DI，EJ

練習2(1)① 108cm³ ② 24cm³
③ 180cm³ ④ 282.6cm³
(2)① 235.5cm³ ② 1318.8cm³

●解説

練習2(2)① 半径5cmの円が底面, 高さが
12cmの円柱を4等分したもの
だから,
$5×5×3.14×12÷4$
$=75×3.14$
$=235.5$（cm³）

② 半径5cmの円が底面, 高さが
20cmの円柱の体積から, 半径
2cmの円が底面, 高さが20cm
の円柱の体積をひくことで求める
ことができる。
$5×5×3.14×20$
$\qquad -2×2×3.14×20$
$=25×3.14×20$
$\qquad -4×3.14×20$
$=(25-4)×3.14×20$
$=21×3.14×20$
$=420×3.14$
$=1318.8$（cm³）

▶24～25ページ

11 **資料の調べ方**

●答え

練習1(1) 最大値：21分　最小値：5分
ちらばりの範囲：16分

(2) 12分

(3) 中央値：12分　最頻値：7分

練習2(1)　ドットプロット

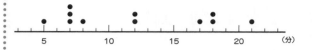

(2)　度数分布表

登校時間（分）	人数（人）
5分以上～10分未満	5
10 ～ 15	2
15 ～ 20	3
20 ～ 25	1
計	11

(3)　ヒストグラム

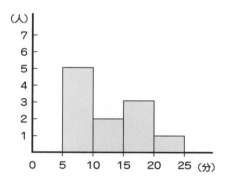

●解説

練習1(1)　データを小さい順に並び替えると,
5, 7, 7, 7, 8, 12, 12, 17,
18, 18, 21になる。

(2)　データをすべてたすと132分に
なるから, $132÷11=12$（分）

(3)　中央値：データの数は11個だか
ら, 左から数えて6番目, 右から数
えて6番目のデータである12分。

最頻値：最もデータの数が多い値
だから, 7分。

もくじ 中学校の予習

1 正の数と負の数

（正の符号と負の符号を使って数を表そう）

✏️ 正の符号（＋），負の符号（－）の使い方

0℃を基準として，0℃より3℃高いことを＋3℃，
0℃より3℃低いことを－3℃と表します。
＋を正の符号，－を負の符号といいます。

＋3℃は「プラス3℃」，
－3℃は「マイナス3℃」
と読むよ。

✏️ 正の数，負の数の表し方

＋3のように，0より大きい数を正の数といいます。
－3のように，0より小さい数を負の数といいます。

【例】　＋7は，正の数 ── ＋の符号がついているから，正の数だね。
　　　　$-\dfrac{3}{4}$ は，負の数 ── －の符号がついているから，負の数だね。

✏️ 整数の範囲

整数には，正の整数，0，負の整数があります。
正の整数を，自然数ともいいます。

0は整数だけど，
正の数でも負の数
でもないよ。

┌─────── 整数 ───────┐
…… ，　－3， －2， －1，　0，　＋1， ＋2， ＋3， ……
　　　　　負の整数　　　　　　　　　　　正の整数（自然数）

練習1　次の数を，正の符号（＋）か負の符号（－）を使って表しましょう。

0より大きいか小さいかで符号を考えよう。

(1)　0より1大きい数　　　　　　　(2)　0より6小さい数

(3)　0より$\dfrac{1}{2}$小さい数　　　　　　(4)　0より0.3大きい数

数直線での正の数と負の数の表し方

数直線において，0を表す点を原点といいます。

● 正の数…原点より右側の数。

● 負の数…原点より左側の数。

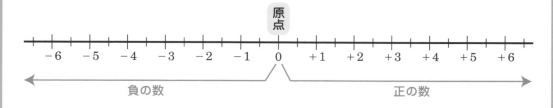

数の大小と数直線を使った表し方

数は，数直線上の点（・）で表すことができます。

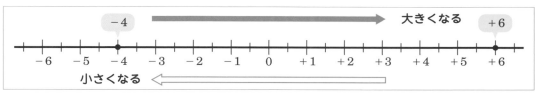

【例】 ＋6は，－4より右の方向にあるから，＋6は，－4より大きいです。

数の大小と不等号を使った表し方

－4は＋6より小さいことを，－4＜＋6と表します。

＋6は－4より大きいことを，＋6＞－4と表します。

－4＜＋6は
「－4 小なり ＋6」
＋6＞－4は
「＋6 大なり －4」
と読むよ。

練習2 下の数直線をみて，次の各組の数の大小を，不等号を使って表しましょう。

右の方向へ行くほど大きい数だったね。

```
  -6   -5   -4   -3   -2   -1    0   +1   +2   +3   +4   +5   +6
```

(1) － 5， － 1

(2) － 2， ＋ 2

数直線の0からの距離（絶対値）

数直線上で，原点から，ある数を表す点までの距離を，
その数の絶対値といいます。

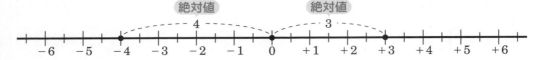

【例】　－4の絶対値は，4 です。──－4は，0からの距離が4だよ。

　　　　＋3の絶対値は，3 です。──＋3は，0からの距離が3だよ。

数から，正の符号（＋），負の符号（－）をとったものが，
絶対値だと考えてもいいよ。
－4から－をとって絶対値は4，
＋3から＋をとって絶対値は3だね。

絶対値が同じ数

絶対値が同じ数は，2つあります。

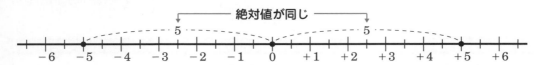

【例】　－5と＋5は，絶対値が同じ 5 です。

絶対値と数の大小

正の数は，その数の絶対値が大きいほど大きいです。
負の数は，その数の絶対値が大きいほど小さいです。

練習3　　次の数の絶対値を答えましょう。

＋3の絶対値は3だったね。

(1)　－8

(2)　＋$\dfrac{6}{5}$

(3)　－4.7

(4)　－$\dfrac{1}{9}$

次の問題に答えましょう。

符号に注意しながら考えよう。

1 次の数を，正の符号（＋）か負の符号（－）を使って表しましょう。

(1) 0 より 18 大きい数

(2) 0 より 0.5 小さい数

(3) 0 より $\frac{1}{7}$ 小さい数

(4) 0 より 0.01 大きい数

2 下の数直線をみて，次の各組の数の大小を，不等号を使って表しましょう。

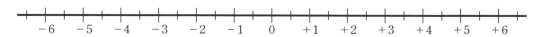

(1) － 6, 0

(2) － 3, ＋ 2

(3) ＋ 1, ＋ 5

(4) － 1, － 5

3 次の数の絶対値を答えましょう。

(1) ＋ 9

(2) － 9

(3) － 5.8

(4) ＋ $\frac{1}{12}$

の中学校予習

1

正の数と負の数

0より小さい数

　札幌の 12 月の平均気温は約マイナス 1 ℃なんだ。日常生活で「0より小さい」ことを表す「マイナス」という言葉はよく使うよね。

　正負の数は世界中で様々な表し方をされてきたよ。「＋」の記号は，昔のヨーロッパの言葉で「および」という意味の「et」を速く書いているうちに「＋」になったといわれているよ。「－」は minus（マイナス）のmが省略されたという説が有力だよ。

　でも，「負の数」の表し方が決まっても，「負の数」そのものをみんなが受け入れるまでその後 200 年くらいの時間がかかったんだ。長い時間をかけて確立した正負の数について，この本でしっかり理解しよう。

2 加法と減法

（符号の変化に注意して，たし算とひき算をしよう）

符号が同じ2つの数のたし算の方法

【例】・（＋4）＋（＋5）の場合（符号が＋どうし）

共通の符号

（＋ 4 ）＋（＋ 5 ）＝ ＋（ 4 ＋ 5 ）

絶対値の和

＝ ＋ 9 ← 答えは正の数になるよ。

・（－4）＋（－5）の場合（符号が－どうし）

共通の符号

（－ 4 ）＋（－ 5 ）＝ －（ 4 ＋ 5 ）

絶対値の和

＝ － 9 ← 答えは負の数になるよ。

たし算のことを
加法というよ。

符号が同じ2つの数の
たし算は，絶対値の和
を求めて，共通の符号
をつければいいね。

符号が異なる2つの数のたし算の方法

【例】・（＋4）＋（－5）の場合

絶対値が大きい
方の符号

（＋ 4 ）＋（－ 5 ）＝ －（ 5 － 4 ）

絶対値の差

＝ － 1

符号がちがう2つの数の
たし算は，絶対値の大き
い方から小さい方をひい
て，絶対値の大きい方の
符号をつけるよ。

練習1 次の計算をしましょう。

符号に注目しながら計算しよう。

(1) （＋6）＋（＋7）

(2) （－6）＋（－7）

(3) （＋6）＋（－7）

(4) （－6）＋（＋7）

正の数をひくときのひき算の方法

【例】・（＋4）－（＋5）の場合

ひき算のことを
減法というよ。

$$（＋4）\overset{\overbrace{\text{ひき算を}\atop\text{たし算になおす}}}{－}（＋5）＝（＋4）\underset{\underbrace{\text{符号を変える}}}{＋}（－5）$$

$$＝－1$$

・（－4）－（＋5）の場合

「＋5 をひくこと」と
「－5 をたすこと」は
同じことだよ。

$$（－4）\overset{\overbrace{\text{ひき算を}\atop\text{たし算になおす}}}{－}（＋5）＝（－4）\underset{\underbrace{\text{符号を変える}}}{＋}（－5）$$

$$＝－9$$

 負の数をひくときのひき算の方法

【例】・（＋4）－（－5）の場合

「－5 をひくこと」と
「＋5 をたすこと」は
同じことだよ。

$$（＋\boxed{4}）\overset{\overbrace{\text{ひき算をたし算になおす}}}{－}（－\boxed{5}）＝（＋\boxed{4}）\underset{\underbrace{\text{符号を変える}}}{＋}（＋\boxed{5}）$$

$$＝＋（\underset{\underbrace{\text{絶対値の和}}}{\boxed{4＋5}}）$$

$$＝＋9$$

・（－4）－（－5）の場合

$$（－\boxed{4}）\overset{\overbrace{\text{ひき算をたし算になおす}}}{－}（－\boxed{5}）＝（－\boxed{4}）\underset{\underbrace{\text{符号を変える}}}{＋}（＋\boxed{5}）$$

$$＝＋（\underset{\underbrace{\text{絶対値の差}}}{\boxed{5－4}}）$$

$$＝＋1$$

練習2 次の計算をしましょう。

(1) （＋6）－（＋7）

(2) （－6）－（－7）

(3) （＋6）－（－7）

(4) （－6）－（＋7）

項だけを並べた式にする方法

加法と減法の混じった式を，加法だけの式にします。

$$(+ 4) － (+ 5) － (－ 6) + (－ 7)$$

↓符号を変える↓

$$= (+ 4) + (－ 5) + (+ 6) + (－ 7)$$

正の項　　負の項　　正の項　　負の項

加法だけの式にしたときの
＋4，－5，＋6，－7 を
項というよ。

加法だけの式は，加法の記号の＋とかっこをはぶくことができます。

$$(+ 4) + (－ 5) + (+ 6) + (－ 7)$$

$$= 4 － 5 + 6 － 7$$ ← 項だけを並べた式ができたね。

└── 最初の項が正の数のときは，正の符号の＋を省略することができます。

加法と減法の混じった式の計算の方法

加法と減法の混じった式は，交換法則と結合法則を使って，計算できます。

【例】　$(+ 4) － (+ 5) － (－ 6) + (－ 7)$ ── 項だけを並べた式にする

$$= 4 － 5 + 6 － 7$$ ── 項の順序をかえる（交換法則）

$$= 4 + 6 － 5 － 7$$ ── 正の項，負の項をまとめる（結合法則）

$$= 10 － 12$$

$$= － (12 － 10)$$

$$= － 2$$

練習3　　次の計算をしましょう。　　 交換法則や結合法則をうまく使おう。

(1)　$(+ 8) + (+ 2) + (－ 3) － (+ 9)$

(2)　$(－ 6) － (+ 4) － (－ 2) + (+ 3)$

(3)　$(－ 3) － (－ 5) + (+ 8) － (－ 2)$

(4)　$(+ 1) － (+ 6) － (+ 1) + (－ 6)$

(1) $(+3) + (+8)$

(2) $(-5) + (-9)$

(3) $(+4) + (-7)$

(4) $(-6) + (+2)$

(5) $(+8) - (+1)$

(6) $(-4) - (-6)$

(7) $(+9) - (-3)$

(8) $(-2) - (+8)$

(9) $(+7) - (+3) + (-4) - (+9)$

(10) $(-8) + (-5) - (-2) + (+7)$

中学校の予習
2 加法と減法

絶対値

　北から南に歩いている人と，南から北に歩いている人に「そこで右に曲がって」というと，それぞれ逆の方向に曲がるよね。でも「そこを東に曲がって」というと同じほうに向きを変えるよね。

　「右・左」は自分がどこを向いているかによって指す方向が変わるけど，東西南北は自分の向きとは関係なく同じ方向だよね。方位のように「他のものに関係なく」決まることを「絶対」というんだ。34 ページにある「絶対値」とは，＋・－の符号に「関係なく」，その数の０からの距離を表す値だからこのようにいうんだね。

　「中学生になったらおこづかいアップしてね！絶対だよ」というときの「絶対」とは少し意味がちがって難しい言葉だけど，覚えておいてね。

③ 乗法と除法

〈正の数と負の数のかけ算とわり算をしよう〉

符号が同じ２つの数のかけ算の方法

符号が同じ２つの数のかけ算は，積の符号が「＋」になります。

【例】　$(+4) \times (+5) = +20$

　　　　$(-4) \times (-5) = +20$

積の符号は＋だよ。

かけ算のことを乗法というよ。

符号が異なる２つの数のかけ算の方法

符号が異なる２つの数のかけ算は，積の符号が「－」になります。

【例】　$(+4) \times (-5) = -20$

　　　　$(-4) \times (+5) = -20$

積の符号は－だよ。

３つ以上の数のかけ算の方法

負の数が奇数個のかけ算では，積の符号は「－」になります。

負の数が偶数個のかけ算では，積の符号は「＋」になります。

【例】　$(-4) \times (+3) \times (+7) = -84$　積の符号は－になるよ。

└─負の数は１個で奇数個

　　　　$(-4) \times (-3) \times (+7) = +84$　積の符号は＋になるよ。

└─負の数は２個で偶数個

練習1　　次の計算をしましょう。

 答えの符号は何になるかな？

(1)　$(+8) \times (+7)$

(2)　$(-3) \times (-9)$

(3)　$(+6) \times (-4)$

(4)　$(-5) \times (+2)$

(5)　$(-3) \times (-8) \times (-5)$

(6)　$(+4) \times (-7) \times (-2)$

同じ数をいくつかかけ合わせたときの表し方

同じ数をいくつかかけ合わせたものを，その数の累乗（るいじょう）といいます。

【例】　$4 \times 4 = 4^2$ 「4の2乗（じょう）」と読むよ。

　　　$9 \times 9 \times 9 = 9^3$ 「9の3乗」と読むよ。

4^2 や 9^3 の右かたの 2 や 3 の数を指数（しすう）といいます。

指数は，同じ数を何回かけ合わせたかを表しています。

 4^2 は4を2回，9^3 は9を3回かけ合わせているね。

 累乗の計算の方法

右かたに指数がついている数は，その数を指数の表す数の回数だけ，かけ合わせます。

【例】　$(-4)^2 = (-4) \times (-4)$　　　　　$-4^2 = -(4 \times 4)$
　　　　　　　　$= 16$　　　　　　　　　　　　　$= -16$

$(-4)^2$ は，(-4) を2回かけ合わせるよ。

-4^2 は，4だけを2回かけ合わせるよ。

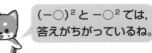 $(-○)^2$ と $-○^2$ では，答えがちがっているね。

練習2　　**次の積を，累乗の指数を使って表しましょう。**

(1) $2 \times 2 \times 2$

(2) $(-5) \times (-5)$

練習3　　**次の計算をしましょう。**

(1) $(-6)^2$

(2) -6^2

(3) $(-3)^3$

(4) -3^3

符号が同じ２つの数のわり算の方法

符号が同じ２つの数のわり算は，商の符号が「＋」になります。

【例】　$(+8) \div (+4) = +2$

　　　　$(-8) \div (-4) = +2$

> 商の符号は＋だよ。

> わり算のことを除法というよ。

符号が異なる２つの数のわり算の方法

符号が異なる２つの数のわり算は，商の符号が「－」になります。

【例】　$(+8) \div (-4) = -2$

　　　　$(-8) \div (+4) = -2$

> 商の符号は－だよ。

正の数，負の数のわり算の分数での表し方

わり算を分数で表すことは，正の数でも負の数でもできます。

【例】　$(-3) \div 4 = -(3 \div 4)$　　　　　　　$(-3) \div (-4) = +(3 \div 4)$

　　　　　　　　　　$= -\dfrac{3}{4}$　　　　　　　　　　　　　　　　　$= +\dfrac{3}{4}$

わり算とかけ算の関係

$2 \times \dfrac{1}{2} = 1$, $\dfrac{3}{4} \times \dfrac{4}{3} = 1$ のように，かけて１となる２つの数の一方を，他方の逆数といいます。

ある数でわることは，その数の逆数をかけることと同じです。

【例】　$\dfrac{9}{2} \div \left(-\dfrac{3}{4}\right) = \dfrac{9}{2} \times \left(-\dfrac{4}{3}\right) = -\left(\dfrac{9}{2} \times \dfrac{4}{3}\right) = -6$

└─ 逆数にして ─┘
　　　かける

練習４　　次の計算をしましょう。

> わり算は，逆数をかけることと同じだよ。

(1)　$(+9) \div (+3)$

(2)　$(-9) \div (+3)$

(3)　$(-5) \div (-7)$

(4)　$\dfrac{10}{3} \div \left(-\dfrac{2}{9}\right)$

次の計算をしましょう。
ただし，(7)〜(10)は分数で答えましょう。

 符号に注意して計算しよう。

(1)　$(+2) \times (+9)$

(2)　$(-4) \times (+7)$

(3)　$(-5) \times (-8) \times (+2)$

(4)　$(+6) \times (-3) \times (+4)$

(5)　$(-7)^2$

(6)　-7^2

(7)　$(-7) \div (+5)$

(8)　$(+3) \div (-9)$

(9)　$(-2) \div (-11)$

(10)　$-\dfrac{1}{2} \div \left(-\dfrac{7}{4}\right)$

計算クイズ

　ここで計算クイズをやってみよう。1，2，3，4の4つの数と，＋，−，×，÷の計算と，かっこを使って−10を作る式を考えてみよう。例えば，
　　$4 \times (1-3) - 2 = -10$　このような式が考えられるね。
　では問題。右のような車のナンバープレートがあるとしよう。この2，3，4，5を使って−10を作ってみよう。

東京〇〇
わ 23-45

正解としては，
　　$2 - 4 - 3 - 5 = -10$　　$2 \times 5 \times (3-4) = -10$
などが考えられるね。自分でも日付（5月14日なら0，5，1，4とする）のような身近な4つの数を使って，−10が答えとなる式ができるか考えてみよう。計算のよい練習になるよ。

4 文字と式

 文字を使った式の表し方

1個，2個，3個，……などの代わりに文字 x，y などを使うことで，数量を1つの式に表すことができます。

文字を使った式を文字式といいます。

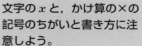
文字の x と，かけ算の×の記号のちがいと書き方に注意しよう。

【例】・1個 50 円のガムを x 個買ったときの代金は，

$(50 \times x)$ 円です。

・1冊 y 円の本と，1本 z 円のペンを2本買ったときの代金の合計は，

$(y + z \times 2)$ 円です。

・a cm³ の水を5個のコップに等分したときのコップ1個分の水の体積は，

$(a \div 5)$ cm³ です。

・b g のおもりと c g のおもりの重さの差は，$(b - c)$ g です。

x, y, z, a, b, c, ……などの文字を使うと，いろいろな数量の関係を表せて便利だね。

練習1 次の数量を文字式で表しましょう。

数と文字に気をつけて式をつくろう。

(1) 1個 x 円のあんパンを6個買ったときの代金

(2) 500 円玉を出して，y 円の品物を買ったときのおつり

(3) 1000 mL のミネラルウォーター a 本と，250 mL のミネラルウォーター b 本の合計の体積

(4) 20 cm のリボンを c 等分したときの，リボン1本の長さ

文字式の積の表し方

① 文字式では，かけるの記号×をはぶきます。

【例】 $x \times y = xy$

② 文字と数の積では，数を文字の前に書きます。

【例】 $x \times 2 = 2x$

③ 同じ文字の積では，指数を使って表します。

【例】 $x \times x = x^2$ ← xを2回かけ合わせているから，「xの2乗」だね。

④ かっこの中の式は，1つのまとまりと考えます。

【例】 $(x + 2) \times (-8) = -8(x + 2)$

文字はアルファベット順に並べるよ。$b \times c \times a$なら，abcになるね。

文字式の商の表し方

文字式では，わる記号（÷）を使わないで，分数の形で書きます。

【例】・$x \div 7 = \dfrac{x}{7}$　　・$x \div 7 = x \times \dfrac{1}{7}$　　$7 \times \dfrac{1}{7} = 1$だから，7の逆数は$\dfrac{1}{7}$だよ。

逆数をかける

$= \dfrac{1}{7}x$

$\dfrac{x}{7}$と$\dfrac{1}{7}x$は，同じことを表しているよ。

・$(a + b) \div 6 = \dfrac{a + b}{6}$

文字式を使ったいろいろな数量の表し方

文字式のきまりを使えば，いろいろな数量を表せます。

【例】 800円の品物x個と，900円の品物y個を買ったときの代金は，

$(800x + 900y)$円です。

練習2 次の式を，文字式の表し方にしたがって書きましょう。

×や÷を使わないで表そう。

(1) $x \times y \times 3$

(2) $a \times (-2) \times b$

(3) $x \div 9$

(4) $(3 \times a + b) \div 2$

45

式の値の求め方

式の中の文字に，数をあてはめることを，代入といいます。

文字に数を代入して計算した答えを，式の値といいます。

【例】・$3x$ の x が，$x = -8$ の場合

$3x = 3 \times (-8)$

$\quad = -(3 \times 8)$

$\quad = -24$

負の数を代入するときは，（　）をつけるよ。

・x^2 の x が，$x = -8$ の場合

$x^2 = x \times x$

$\quad = (-8) \times (-8)$

$\quad = +64$

負の数を代入するときに，かっこを忘れて $-8^2 = -64$ とするのはまちがいだよ。

・$-x^2$ の x が，$x = -8$ の場合

$-x^2 = -1 \times x \times x$　　　$-x^2$ の $-$ は，-1 をかけていることを表しているよ。

$\quad = -1 \times (-8) \times (-8)$

$\quad = -64$

・$4x - 6$ の x が，$x = -8$ の場合

$4x - 6 = 4 \times (-8) - 6$

$\quad = -(4 \times 8) - 6$

$\quad = -32 - 6$

$\quad = -38$

（　）をつけて代入しよう。

練習3　　$x = -6$ のとき，次の式の値を求めましょう。

(1)　$2x$

(2)　$-2x$

(3)　x^2

(4)　$-x^2$

(5)　$5x + 8$

(6)　$8 - 5x$

×と÷は使わないで表そう。

1 次の式を，文字式の表し方にしたがって書きましょう。

(1) $(-1) \times x \times y$

(2) $a \times a \times 7$

(3) $b \div 5$

(4) $(x + 2) \div 4$

2 次の数量を文字式で表しましょう。

(1) たてが a cm，横が b cm の長方形の面積

(2) 1個 x 円のみかん3個と，1個 y 円のりんご2個を買ったときの代金の合計

3 $x = -2$ のとき，次の式の値を求めましょう。

(1) $9x - 6$

(2) $-2x^2$

中学校の予習

❹ 文字と式

ルネ・デカルト

　$3 \times x$ を $3x$ とし，$x \times x$ を x^2 とするような表し方を始めたのは，フランスのデカルトという人物なんだ。デカルトは数学以外にもいろいろな学問で業績を残した人物だよ。

　当時のスウェーデンの女王が，そんなデカルトの頭のよさを気に入って，ぜひ授業をしにきてほしいとお願いしたんだ。デカルトは10月にスウェーデンに向かったよ。女王はとても勉強熱心だったので，朝の5時から授業をしたんだ。でも，早起きが苦手だったデカルトは風邪をこじらせて，翌年の2月に亡くなってしまったんだ。

　熱心な勉強も大事だけど，しっかり休みを取ることも大事だね。

5 文字式の計算

（文字の式を簡単にしよう）

✎ 文字式の項と係数

$2x - 7$ を加法の式で表すと，$2x + (-7)$ になります。

$2x + (-7)$ の，$2x$，-7 をそれぞれ項といいます。

文字をふくむ項で，文字にかけられた数を係数といいます。

【例】　$3x - 8$ の式の項は，$3x$ と -8 です。

　　　x の係数は，3 です。

$2x - 7$ で，$2x$ のように文字が１つの項を，１次の項といいます。

$2x - 7$ で，-7 のように文字のない項を，数の項といいます。

１次の項だけの式，または１次の項と数の項の和で表される式を，１次式といいます。

```
┌──── 項 ────┐
  2x  +  ( − 7 )
       └── x の係数
```

```
      1 次式
    ┌─ 1 次の項
    2x  − 7
  数の項 ─┘
```

練習1　次の式の項を答えましょう。

> 文字をふくむ項と数の項があるね。

(1)　$3x + 5$

(2)　$-2x - 9$

(3)　$4x^2 - 7y - 1$

(4)　$\dfrac{2}{3}x + \dfrac{3}{4}$

練習2　次の式の文字をふくむ項の係数を答えましょう。

(1)　$8x - 7$

(2)　$-\dfrac{5}{6}x + \dfrac{3}{7}$

式をまとめる方法（加法と減法❶）

文字の部分が同じ項どうしは，たし算やひき算ができます。

【例】 $6x + 4x = (6 + 4)x$ ← 係数どうしをたすよ。

$= 10x$

$6x - 4x = (6 - 4)x$ ← 係数どうしをひくよ。

$= 2x$

文字式でも，数と同じようにたし算とひき算ができるね。

 ## 式をまとめる方法（加法と減法❷）

文字の部分が同じ項どうし，数の項どうしを，それぞれたしたりひいたりすることで，式をまとめることができます。

【例】 $\underline{\underline{6x}} + \underline{2} + \underline{\underline{4x}} - \underline{5}$

$= \underline{6x + 4x} + \underline{2 - 5}$ ← 文字の部分が同じ項，数の項を集める

$= (6 + 4)x + (2 - 5)$ ← それぞれをまとめる

$= 10x - 3$ ← 式が簡単になったね。

 ## 式をまとめる方法（1次式どうしの加法と減法）

1次式どうしをたしたりひいたりするときは，かっこをはずすときに符号の変化に注意します。

【例】 $(6x + 2) + (4x - 5)$ ── かっこをはずす

$= 6x + 2 + 4x - 5$

$= 6x + 4x + 2 - 5$

$= 10x - 3$

たす式のかっこは，そのままはずせるよ。

$(6x + 2) - (4x - 5)$ ── かっこをはずす

$= 6x + 2 - 4x + 5$

$= 6x - 4x + 2 + 5$

$= 2x + 7$

ひく式の各項の符号は変わるよ。

練習3 次の計算をしましょう。

符号の変化に注意しよう。

(1) $5x + 7x$

(2) $-2x + 4 + 9x - 6$

(3) $(8x - 3) + (-6x + 5)$

(4) $(8x - 3) - (-6x + 5)$

1次式と数の乗法

1次式と数のかけ算では，文字をふくむ項の係数に数をかけます。

【例】
$$4x \times 6$$
$$= 4 \times x \times 6$$
$$= 4 \times 6 \times x$$
$$= 24x$$

数どうしを
かけ算するよ。

$$6 \times (-4a)$$
$$= 6 \times (-4) \times a$$
$$= -24a$$

$$9y \times \frac{1}{3}$$
$$= 9 \times y \times \frac{1}{3}$$
$$= 9 \times \frac{1}{3} \times y$$
$$= 3y$$

1次式と数の除法

1次式と数のわり算では，文字をふくむ項の係数に数の逆数をかけます。

【例】
$$6x \div 3$$
3の逆数の $\frac{1}{3}$ をかける
$$= 6x \times \frac{1}{3}$$
$$= 6 \times \frac{1}{3} \times x$$
$$= 2x$$

わることは，
逆数をかける
ことと同じだね。

$$9x \div \left(-\frac{3}{4}\right)$$
$-\frac{3}{4}$ の逆数の $-\frac{4}{3}$ をかける
$$= 9x \times \left(-\frac{4}{3}\right)$$
$$= 9 \times \left(-\frac{4}{3}\right) \times x$$
$$= -12x$$

項が2つある1次式の乗法，除法

項が2つある1次式のかけ算，わり算では，分配法則を使って計算します。

【例】
$$3 \times (4x - 5)$$
$$= 3 \times 4x + 3 \times (-5)$$
$$= 12x - 15$$

$$(9x - 6) \div (-3)$$
-3 の逆数の $-\frac{1}{3}$ をかける
$$= 9x \times \left(-\frac{1}{3}\right) - 6 \times \left(-\frac{1}{3}\right)$$
$$= -3x + 2$$

練習4　次の計算をしましょう。

(1) $7 \times 8x$

(2) $3x \div 6$

(3) $4(2x - 9)$

(4) $(15x + 10) \div (-5)$

問題 次の問題に答えましょう。

1 次の式の項と，文字をふくむ項の係数を答えましょう。

(1) $8x - 6$

(2) $-5x + \dfrac{1}{4}$

2 次の計算をしましょう。

(1) $7x + 9x$

(2) $3x - 8x$

(3) $-2x - 3 + 6x + 7$

(4) $4x - 9 - 5x - 3$

(5) $12x \times (-3)$

(6) $-8x \div \left(-\dfrac{1}{2}\right)$

(7) $4(-6x + 5)$

(8) $(2x + 12) \div (-2)$

和算（わさん）

　数式に使われている文字は全てアルファベットだけれど，昔の日本では数学は西洋ほどには発展しなかったのかな？　実は西洋式の数学が輸入される前にも，「和算」という日本独特の数学があったんだ。例えば次のような問題が残っているよ。

> 兄弟の年齢（ねんれい）の合計が116。次男は長男より７歳（さい），三男は次男より６歳，四男は三男より４歳，末っ子は四男より５歳，それぞれ若い。それぞれ何歳か？

　長男の年齢を x とすると，次男は $x - 7$，三男は $x - 7 - 6$……のように表せるね（次に学習する「方程式」（ほうていしき）を使って解く（と）と，長男の年齢は 35 歳になるよ）。
　そろばんが早くから広まっていたし，農地の広さや収穫物（しゅうかくぶつ）の量をきちんとはかるために，一般民衆（いっぱんみんしゅう）のあいだでも和算はとてもさかんだったんだよ。

6 方程式

（わからない数を x とおいて考えよう）

数量の等しい関係や，数量の大小の関係を式に表す方法

数量が等しいという関係を，符号＝を使って表したものを等式といいます。

【例】 $2x - 3y = 50$

左辺 右辺

両辺

等号の左側を左辺，
等号の右側を右辺，
左辺と右辺を合わせて
両辺というよ。

数量の大小の関係を，不等号＜，＞を使って表したものを不等式といいます。

【例】 $2x - 3y < 55$ ── $2x - 3y$ は 55 より小さいことを表しているよ。

左辺 右辺

両辺

等式を成り立たせる文字の値を求めること

x の値によって，成り立ったり成り立たなかったりする等式を，x についての方程式といいます。

方程式を成り立たせる文字の値を解といい，解を求めることを方程式を解くといいます。

【例】 $4x - 3 = 5$ の解
$x = 2$ のとき，

x	-2	-1	0	1	2
$4x - 3$	-11	-7	-3	1	5

$4 \times 2 - 3 = 5$ → $4x - 3 = 5$ の解は 2 です。

$x = 2$ が方程式の解だよ。

練習1 −2，−1，0，1，2 のうち，次の方程式の解になるものを求めましょう。

表を完成させて考えよう。

(1) $2x + 4 = 2$

x	-2	-1	0	1	2
$2x + 4$					

(2) $-3x - 1 = -4$

x	-2	-1	0	1	2
$-3x - 1$					

🖊 等式の性質

① 等式の両辺に同じ数をたしても，等式は成り立ちます。

$$A = B \quad ならば \quad A + C = B + C$$

② 等式の両辺から同じ数をひいても，等式は成り立ちます。

$$A = B \quad ならば \quad A - C = B - C$$

③ 等式の両辺に同じ数をかけても，等式は成り立ちます。

$$A = B \quad ならば \quad A \times C = B \times C$$

④ 等式の両辺を同じ数でわっても，等式は成り立ちます。

$$A = B \quad ならば \quad \frac{A}{C} = \frac{B}{C} \quad ただし，C \neq 0$$

0でわっては
いけないよ。

≠は，等しくないことを表しているよ。

⑤ 等式の両辺を入れかえても，等式は成り立ちます。

$$A = B \quad ならば \quad B = A$$

🖊 比の値と比例式の性質

比 $a : b$ で，a，b を比の項といいます。

比 $a : b$ で，a を b でわった商 $\dfrac{a}{b}$ を $a : b$ の比の値といいます。

比 $a : b$ と $c : d$ が等しいことを，$a : b = c : d$ と表し，この式を比例式といいます。

● 比例式の性質

$a : b = c : d$ のとき，$\dfrac{a}{b} = \dfrac{c}{d}$，$ad = bc$

が成り立ちます。

$$\overset{\frown}{a : b = c : d} \atop \underset{bc}{}$$

$$a : b = c : d \quad \overbrace{ad}, \underbrace{bc}$$

練習2 次の比について，比の値を求めましょう。

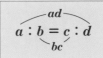

約分できるときは
約分しよう。

(1) $4 : 5$

(2) $3 : 9$

(3) $12 : 6$

(4) $18 : 15$

等式の性質を使った方程式の解き方

① 両辺に同じ数をたして解く方法

【例】 $x - 8 = 1$

両辺に 8 をたす。

左辺を x だけにする

$x - 8 \underline{+ 8} = 1 \underline{+ 8}$

$x = 9$

等式の性質①

$A = B$ ならば $A + C = B + C$

等式の性質を使うと，方程式が解けるね。

② 両辺から同じ数をひいて解く方法

【例】 $x + 8 = 1$

両辺から 8 をひく。

左辺を x だけにする

$x + 8 \underline{- 8} = 1 \underline{- 8}$

$x = -7$

等式の性質②

$A = B$ ならば $A - C = B - C$

③ 両辺に同じ数をかけて解く方法

【例】 $-\dfrac{x}{4} = 6$

両辺に -4 をかける。

左辺を x だけにする

$-\dfrac{x}{4} \times (-4) = 6 \times (-4)$

$x = -24$

等式の性質③

$A = B$ ならば $A \times C = B \times C$

④ 両辺を同じ数でわって解く方法

【例】 $-4x = 12$

両辺を -4 でわる。

左辺を x だけにする

$\dfrac{-4x}{-4} = \dfrac{12}{-4}$

$x = -3$

等式の性質④

$A = B$ ならば $\dfrac{A}{C} = \dfrac{B}{C}$ $(C \neq 0)$

練習3　次の方程式を解きましょう。

等式の性質を使って解こう。

(1) $x - 7 = 2$

(2) $x + 5 = -3$

(3) $\dfrac{x}{8} = -\dfrac{1}{2}$

(4) $-3x = 6$

　次の問題に答えましょう。　等式が成り立つか考えながら解こう。

1　−2，−1，0，1，2 のうち，次の方程式の解になるものを求めましょう。

(1)　$4x - 7 = 1$

x	-2	-1	0	1	2
$4x - 7$					

(2)　$-5x - 6 = -11$

x	-2	-1	0	1	2
$-5x - 6$					

2　次の比について，比の値を求めましょう。

(1)　$1 : 3$

(2)　$9 : 2$

3　次の方程式を解きましょう。

(1)　$x - 5 = 5$

(2)　$x + 11 = -9$

(3)　$-\dfrac{x}{6} = 7$

(4)　$8x = -56$

中学校の予習
6
方程式

ディオファントスの一生

数学者ディオファントスのお墓には次のような言葉が刻まれているんだ。

> 彼の人生は，6分の1が少年期，12分の1が青年期で，その後に人生の7分の1がたって結婚し，その5年後に子供が生まれた。その子は父の一生の半分しか生きずに世を去り，子を失って4年後にディオファントスも亡くなった。

ディオファントスの生きた年数を x とすると，右のような方程式を立てることができるんだ。これを解くと $x = 84$ となるよ。

$$x = \frac{1}{6}x + \frac{1}{12}x + \frac{1}{7}x + 5 + \frac{1}{2}x + 4$$

「昔の人にしては長生きだな」「何のためにこんな問題を？」などと疑問はつきないけど，数学者にふさわしい言葉だよね。

55

平面図形

〔平面図形の用語や意味などを学ぼう〕

✏️ 直線と角の表し方

●直線

両方向にのびたまっすぐな線。

A ───── B
直線 AB

●線分

直線のうち，ある点からある点までの部分。

線分 AB の長さは，点AとBの距離になっているよ。

A ───── B
線分 AB

●半直線

直線のうち，ある点からある点の方向に限りなくのびた部分。

のびていく方向 →

A ───── B
半直線 AB

●垂直：記号『⊥』を使って表します。

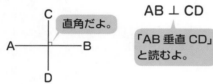

AB ⊥ CD

直角だよ。

「AB 垂直 CD」と読むよ。

AB ⊥ CD のとき，CD は AB の垂線であり，AB は CD の垂線です。

●平行：記号『∥』を使って表します。

AB ∥ CD

平行を表しているよ。

「AB 平行 CD」と読むよ。

●角：記号『∠』を使って表します。

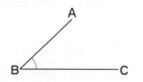

∠ ABC

「角 ABC」と読むよ。

●三角形：記号『△』を使って表します。

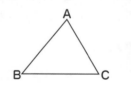

△ ABC

「三角形 ABC」と読むよ。

練習1 次のことがらを，記号を使って表しましょう。

記号⊥，∥，∠，△を使おう。

(1) 直線 CD と EF は垂直

(2) 直線 CD と EF は平行

(3) 角 DEF

(4) 三角形 DEF

✏ 図形の移動

●平行移動

図形を，一定の方向に一定の距離だけずらすことを
平行移動といいます。

右の図で，△ ABC と△ PQR は，

AP∥BQ∥CR，AP = BQ = CR

> 平行だね。　　移動距離は等しいよ。

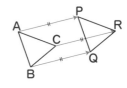

●回転移動

図形を，ある点 O を中心にして一定の角度だけ回す
ことを回転移動といいます。

右の図で，△ ABC と△ PQR は，

OA = OP，OB = OQ，OC = OR

> 対応する点どうしは，点 O からの距離が等しいよ。

∠ AOP =∠ BOQ =∠ COR = 100°

> 回転させた角度だね。

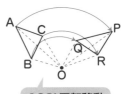

> 100°回転移動
> させているよ。

●対称移動

図形を，ある直線 ℓ を折り目として折り返すことを，
直線 ℓ を軸（対称の軸）とする対称移動といいます。

右の図で，△ ABC と△ PQR は，

AD = PD，AP⊥ℓ

BE = QE，BQ⊥ℓ

CF = RF，CR⊥ℓ

> 対応する 2 点を結ぶ線分は，
> 対称の軸によって垂直に 2 等分
> されているよ。

練習2　　次の△ PQR は，△ ABC を何移動させたものか答えましょう。

> 3つの移動を思い出そう。

(1)

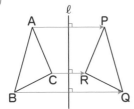

(2)

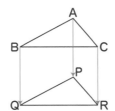

(3)

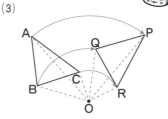

円の用語

● 円の弧と弦

右の図で，
弧 AB を記号
『⌒』を使っ
て $\overparen{AB}$ と表し
ます。

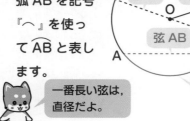

一番長い弦は，
直径だよ。

● 円の接線

右の図で，
直線 AB は円
O の接線です。

AB ⊥ OP

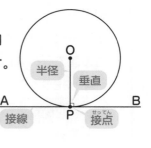

円 O の半径と接
線 AB は必ず垂
直になっている
よ。

おうぎ形

右の図で，円の半径 OA と OB と弧 AB で囲ま
れた部分を，おうぎ形といいます。

小学校で学習した円周率 3.14 は，およその値で，
実際は 3.14159…… と続きます。このため，こ
れからは円周率を π で表すことにします。

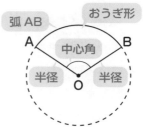

● おうぎ形の弧の長さと面積を求める式

・弧の長さ

$$\ell = 2\pi r \times \frac{a}{360}$$

・面積

$$S = \pi r^2 \times \frac{a}{360}$$

おうぎ形の弧の長さと面積は，中心角に比例するよ。

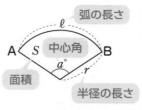

r は半径，π は円周率だよ。

練習3　次のおうぎ形の弧の長さと面積を求めましょう。

(1)　半径 5 cm，中心角 60°

(2)　半径 7 cm，中心角 270°

58

問題 次の問題に答えましょう。

用語を思い出そう。

1 次の線の名前を答えましょう。

(1)

A━━━━━●B

(2)
←──のびていく方向
━━━●━━━━●→
　　A　　　B

(3)
━━●━━━━━●━━
　A　　　 B

2 次のことがらを，記号を使って表しましょう。

(1) 線分 AB と CD は平行　　(2) 線分 AB と CD は垂直　　(3) 三角形 ABC

3 右の図は，合同な直角三角形8個を使って作った長方形です。

(1) 直角三角形**ア**を平行移動したときに重なるものを，**イ～ク** から選び記号で答えましょう。

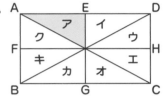

(2) 直角三角形**ア**を，線分 EG を対称の軸として対称移動させ たときに重なるものを，**イ～ク**から選び記号で答えましょう。

4 半径 4cm，中心角 120°のおうぎ形の弧の長さと面積を求めましょう。

漢字テストをします！

次の文章のカタカナの部分を漢字に直しなさい。

(1)図形を，一定の方向に一定の距離だけずらすことをヘイコウ移動という。

(2)図形を 180°回転移動させることを点タイショウ移動という。

【答え】　(1)平行　(2)対称

【解説】　(1)「ヘイコウ」は「二直線が交わらない」という意味だから「平行」 と書くよ。「並行」と書きまちがえないようにしよう。

　　　　(2)「中学1年生をタイショウにした参考書」と「二つの実験結果を比 較(かく)タイショウする」は，それぞれ「対象」と「対照」だよ。

　　数学の問題で漢字が問われることはないけれど，図形の性質の意味と結びつけ て，正しく書けるようにしておこうね。

8 平面図形の作図

（定規とコンパスだけを使って作図しよう）

✏️ 垂直二等分線

右の図で，線分 AB と直線 ℓ は，点 M で垂直に交わっています。また，2 点 A，B から等しい距離にある点 M を，線分 AB の中点といいます。

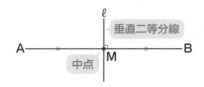

$$AB \perp \ell, \quad AM = BM$$

このような直線 ℓ を，線分 AB の垂直二等分線といいます。

●線分 AB の垂直二等分線の作図

① 点 A を中心とする AB の長さの半分より長い適当な半径の円をかく。	② 点 B を中心として，①と同じ半径の円をかき，円の交わった点を C，D とする。	③ 点 C，D を通る直線をひく。

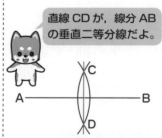

直線 CD が，線分 AB の垂直二等分線だよ。

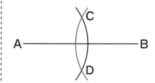

 次の線分の垂直二等分線を作図しましょう。

三角定規の直角を使ってはだめだよ。

(1)

（A から B への線分）

(2)

A
│
│
B

60

角の二等分線

1つの角を2等分する半直線を, その角の二等分線と
いいます。

右の図で, ∠AOB の二等分線は, 半直線 OC です。

$$\angle AOC = \angle BOC = \frac{1}{2}\angle AOB$$

等しい角度になっているよ。

∠AOC と∠BOC は,
∠AOB の半分の大きさだね。

●∠AOB の二等分線の作図

① 点Oを中心とする適当
な半径の円をかき, 半直
線 OA, OB との交点を
それぞれC, Dとする。

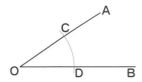

② 2点C, Dをそれぞ
れ中心として, 同じ半
径の円をかき, 2つの
円の交点をEとする。

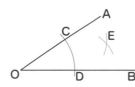

③ 半直線 OE をひく。

半直線 OE が,
∠AOB の二等
分線だよ。

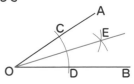

練習2 次の角の二等分線を作図しましょう。 分度器を使ってはだめだよ。

(1)

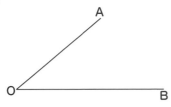

(2)

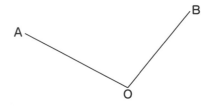

(3)

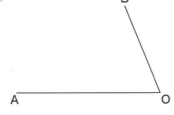

(4)

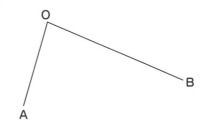

垂線

垂線は，∠AOB ＝ 180° の角の二等分線に
なっています。

2つの作図のしかたを覚えよう。

垂線
180°の角
90°で交わっている

●垂線の作図①

① 点Pを中心とする適当な半径の円をかき，直線ℓとの交点をA，Bとする。

② 2点A，Bをそれぞれ中心として，同じ半径の円をかき，その円の交点をQとする。

③ 直線PQをひく。

直線PQは，線分ABの垂直二等分線になっているよ。

●垂線の作図②

① 直線ℓ上に適当な点A，Bをとる。点Aを中心として，半径APの円をかく。

② 点Bを中心として，半径BPの円をかく。①の円との交点をQとする。

③ 直線PQをひく。

練習3 　次の図において，点Pを通る直線ℓの垂線を作図しましょう。

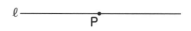
(2)は，垂線の作図①で作図するといいよ。

(1)

(2)

ℓ ————————————

P・

ℓ ————————————
P・

次の図形を作図しましょう。 定規とコンパスだけを使って作図しよう。

(1) 線分 AB の垂直二等分線

(2) △ABC の辺 BC の垂直二等分線

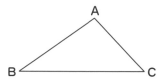

(3) ∠AOB の二等分線

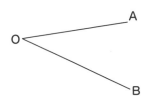

(4) △ABC の∠ABC の二等分線

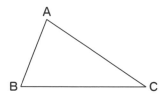

(5) 点 P を通る，直線 AB の垂線

(6) △ABC の頂点 A を通る，辺 BC の垂線

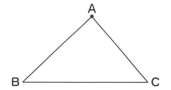

作図できる図形，できない図形

　角の二等分線の作図の方法を 61 ページで学習したね。では角を等しく 3 つに分ける「三等分線」を，定規とコンパスだけを使って作図する方法を考えてみよう（コンパスや定規を本来とはちがう使いかたをしたり，紙を折ったりしてはだめだよ）。

　……実は角の三等分線を定規とコンパスだけで作図することは不可能であることはすでに証明されているんだ。同じように「あたえられた円と等しい面積をもつ正方形」の作図も不可能なんだ。

　逆に，正十角形や正二十角形のように，「定規とコンパスだけで作図可能な正多角形がある」ということも証明されているよ。興味がある人は，ドイツの数学者ガウスの『整数論の研究』という本を読んでみてね。

いろいろな立体

いろいろな立体の分類

平面だけで囲まれた立体を，多面体といいます。

多面体は，面の数によって何面体なのかが決まります。

面の数が5なら，五面体だね。

●多面体

面の数が5：五面体　　面の数が6：六面体　　面の数が5：五面体

●多面体以外の立体（曲面があるので，多面体ではない）

球　　　　　　　　円柱　　　　　　　　円錐

練習1　次の立体は何面体か答えましょう。

面の数を数えよう。

(1) 　　(2) 　　(3)

角柱と角錐

角柱や角錐などでは，底の面を底面，まわりの面を側面といいます。

●角柱

　2つの底面が合同な図形で，側面は長方形です。

　底面が正三角形，正方形，……の角柱をそれぞれ，正三角柱，正四角柱，……といいます。

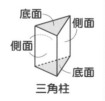

三角柱

●角錐

底面は1つで，側面は三角形です。

底面が正三角形，正方形，……で，側面がすべて合同な二等辺三角形である角錐をそれぞれ，正三角錐，正四角錐，……といいます。

四角錐

円柱と円錐

円柱と円錐は，底面が円で，側面は曲面になっています。

円柱と円錐は，側面が曲面だから，多面体ではないよ。

円柱

円錐

練習2　次の多面体の名前を答えましょう。

面の数や形に注目しよう。

(1)　2つの底面が五角形

(2)　2つの底面が正三角形

(3)　1つの底面が正方形

(4)　1つの底面が六角形

✏️ **正多面体**

次のようなへこみのない多面体を，正多面体といいます。

① すべての面が合同な正多角形です。

② どの頂点にも同じ数の面が集まります。

正多面体には，次の5種類があります。

	正四面体	正六面体（立方体）	正八面体
正多面体			
面の形	正三角形	正方形	正三角形
1つの頂点に集まる面の数	3	3	4

	正十二面体	正二十面体
正多面体		
面の形	正五角形	正三角形
1つの頂点に集まる面の数	3	5

> 正多面体は5種類しかないよ。
> 正六面体は，立方体ともいうよ。

練習3 　下の正多面体について，次の問いに答えましょう。

正四面体　　　　正六面体　　　　正八面体　　　　正十二面体　　　　正二十面体

(1) 面の形がすべて合同な正三角形の正多面体を，すべて答えましょう。

(2) 1つの頂点に集まる面の数が5である正多面体を答えましょう。

1　次のア〜エから，多面体をすべて選び，記号で答えましょう。

ア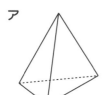　　イ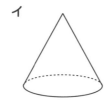　　ウ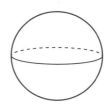　　エ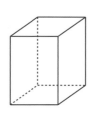

2　次の立体の底面の図形と，側面の図形を，それぞれ答えましょう。

(1)　正四角柱 　　　　(2)　五角錐（ごかくすい）

3　次の正多面体の名前をそれぞれ答えましょう。

(1)　　(2)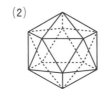　　(3)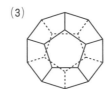　　(4)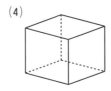

中学校の予習
9
いろいろな立体

サッカーボールの秘密

　　一般的なサッカーボールは，正五角形と正六角形をはり合わせて作られているんだけど，何枚の図形が使われているか知っているかな？　正解は，正五角形が12枚，正六角形が20枚，合計32枚。

　　図形をはり合わせているので，サッカーボールは厳密には球ではなくて，辺と頂点が存在するんだ。その数は，辺が90本で，頂点が60個。サッカーボールのような多面体の面と辺と頂点の関係は，

> 頂点の数＋面の数＝辺の数＋2

となることがわかっているよ。この公式はスイスの数学者オイラーという人物が考えだしたんだ。彼は，数学の論文を5万ページも書いたといわれているんだよ。

10 空間の直線と平面の関係

(いろいろな見方で立体を調べよう)

✏ 直線や平面の位置関係

限りなく広がった平らな面を，平面といいます。

●平面の決定

同じ直線上にない3点をふくむ平面はただ1つに決まります。

●2直線の位置関係

同じ平面上にある　　　　同じ平面上にない

① ②　平行である　③ ねじれの位置にある

交わる　　　　　　　　交わらない

> 左の図の③の直線 ℓ と m のように，2直線が同じ平面上にないことを，ねじれの位置にあるというよ。

●直線と平面の位置関係

①　　　　　　②　　　　　　③

直線が平面に　　1点で交わる　　交わらない
ふくまれる　　　　　　　　　　（平行）

> 左の図の③では，平面 P と直線 ℓ は平行で，交わりません。この関係を記号で表すと，P∥ℓ となります。

●2平面の位置関係

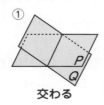 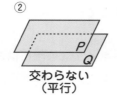

①　　　　　　　　②

交わる　　　　　交わらない
　　　　　　　　　（平行）

> 左の図の②では，平面 P と平面 Q は平行で，交わりません。この関係を記号で表すと，P∥Q となります。

練習1　次の位置関係のうち，同じ平面上にあるものには○，同じ平面上にないものには×で答えましょう。

> 交わるかな？

(1) 直線 ℓ と直線 m は平行である。　　(2) 直線 ℓ が平面Pにふくまれる。

✏️ いろいろな立体の見方

●点と平面の距離

平面P上にない点AとP上の点Hを結んだ線分AHがPと垂直なとき，その長さを，点Aと平面Pの距離といいます。

平面PとQが平行で，平面P上の点AとQ上の点Hを結んだ線分AHがQと垂直なとき，その長さを，平面PとQの距離といいます。

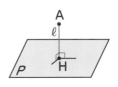

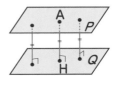

> P∥Qのとき，距離はどこも線分AHの長さと同じになっているよ。

・角錐と円錐の高さは，頂点と底面の距離です。

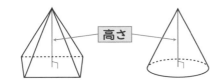

・角柱や円柱の高さは，2つの底面の距離です。

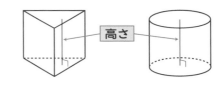

●面が動いてできる立体の例

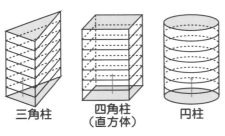

三角柱　　四角柱（直方体）　　円柱

●線が動いてできる立体の例

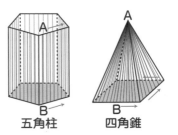

五角柱　　四角錐

●回転体

円柱や円錐のように，直線 ℓ を軸として，図形を1回転させてできる立体を，回転体といいます。

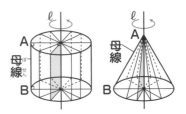

練習2 次の図形をその面に垂直な方向に 10cm 動かすと，どんな立体ができますか。

> 面が動いてできる立体だね。

(1) 三角形　　　　　　(2) 六角形　　　　　　(3) 円

✎ 展開図

● **角柱の展開図**
  底面は多角形で, 側面は長方形になっています。

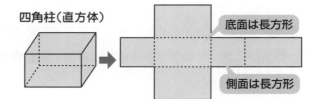

四角柱（直方体）

底面は長方形

側面は長方形

● **円柱の展開図**
  底面は円で, 側面は長方形になっています。

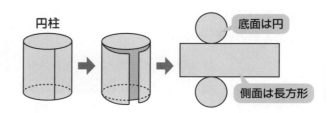

円柱

底面は円

側面は長方形

● **角錐の展開図**
  底面は多角形で, 側面は三角形になっています。

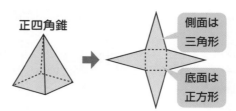

正四角錐

側面は三角形

底面は正方形

● **円錐の展開図**
  底面は円で, 側面はおうぎ形になっています。

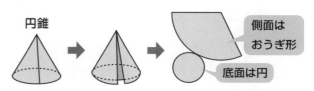

円錐

側面はおうぎ形

底面は円

練習3 　次の展開図を組み立てたときにできる立体の名前を答えましょう。

(1)

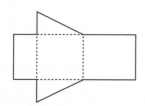

(2)

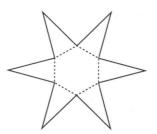

底面の図形に注目して考えよう。

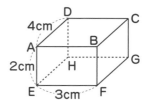

1 右の図は，すべての面が長方形でできている直方体です。これについて，次の問いに答えましょう。

(1) 面 ABCD と面 EFGH は，平行になっています。この 2 つの面の距離は何 cm ですか。

(2) 辺 AE と BC は，のばしても交わることがありません。このように，2 直線が平行でなく交わらない位置関係を，何の位置にあるといいますか。

2 次のような図形を，直線 ℓ を軸として 1 回転させたときにできる回転体の名前を答えましょう。

(1)

(2)

3 右の図は，6 枚の正方形でできている立体の展開図です。この立体を組み立てたときにできる立体の名前を答えましょう。

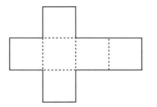

ピラミッドの展開図

エジプトにあるピラミッドの展開図を書いてみよう。右のような形をかいたのではないかな？

ピラミッドの地面に見えている部分から想像すると，このような四角錐の展開図になるはずだね。でも，いまだに，ピラミッドの地下構造がはっきり分かっていないので，これが正解！というものを示すことはできないんだ。

砂の上の建物のように基礎（きそ）がしっかりしていない建物を「砂上（さじょう）の楼閣（ろうかく）」という言葉で表すけど，砂の上にありながら何千年も堂々（どうどう）としたすがたを見せているピラミッドの地下は，いったいどうなっているんだろうね。

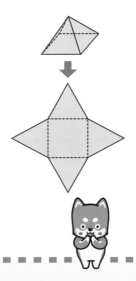

11 立体の表面積と体積

（表面積と体積の求め方を覚えよう）

 立体の表面積❶

立体の表面積は展開図で考えるよ。

立体のすべての面の面積の和を表面積といいます。

また，すべての側面の面積の和を側面積，１つの底面の面積を底面積といいます。

●角柱や円柱の側面積と表面積の求め方

（側面積）＝（高さ）×（底面の周の長さ）

（表面積）＝（底面積）×２＋（側面積）

【例】・四角柱の表面積（直方体の場合）

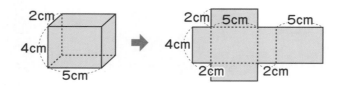

（四角柱の側面積）＝ $4 \times (2 + 5 + 2 + 5) = 56$ （cm²）

（四角柱の表面積）＝ $\underset{\sim}{(2 \times 5)} \times 2 + \underline{56} = 76$ （cm²）

・円柱の表面積

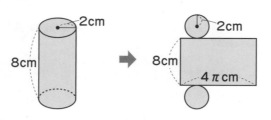

底面の円周は，
$2\pi \times$（半径）
で求めるね。

（円柱の側面積）＝ $8 \times (2\pi \times 2) = 32\pi$ （cm²）

（円柱の表面積）＝ $\underset{\sim}{(\pi \times 2^2)} \times 2 + \underline{32\pi} = 40\pi$ （cm²）

練習1 右の図は，底面の半径が 6cm，高さが 10cm の
円柱です。この円柱の表面積を求めましょう。

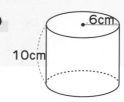

立体の表面積❷

●角錐や円錐の表面積の求め方

（表面積）＝（底面積）＋（側面積）

【例】

・正四角錐の表面積

（正四角錐の側面積）

$= (3 \times 5 \div 2) \times 4 = 30$（$\text{cm}^2$）

（正四角錐の表面積）

$= (3 \times 3) + 30$

$= 39$（cm^2）

・円錐の表面積

（円錐の側面積）

$= \pi \times 6^2 \times \dfrac{120}{360} = 12\pi$（$\text{cm}^2$）

おうぎ形の面積

（円錐の表面積）

$= (\pi \times 2^2) + 12\pi = 16\pi$（$\text{cm}^2$）

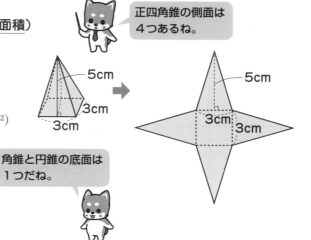

正四角錐の側面は
4つあるね。

角錐と円錐の底面は
1つだね。

立体の体積❶

●角柱や円柱の体積の求め方

（角柱や円柱の体積）＝（底面積）×（高さ）

$V = Sh$

S は底面積，h は高さ，
V は体積を表しているよ。

練習2　次の問題に答えましょう。

(1)は表面積，(2)は体積を求めるよ。

(1)　下の正四角錐の表面積を求めましょう。

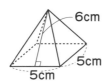

(2)　下の三角柱の体積を求めましょう。

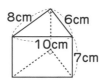

 **立体の体積❷**

● 角錐や円錐の体積の求め方

（角錐や円錐の体積）$= \dfrac{1}{3} \times$（底面積）$\times$（高さ）

$$V = \dfrac{1}{3} Sh$$

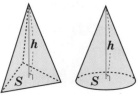

角錐や円錐の体積を求めるときは，$\dfrac{1}{3}$をかけるよ。

球の表面積と体積

● 球の表面積の求め方

半径が r の球の表面積を S とすると

$$S = 4\pi r^2$$ ← 半径 r の円の面積の4倍だね。

● 球の体積の求め方

半径が r の球の体積を V とすると

$$V = \dfrac{4}{3}\pi r^3$$ ← 底面の半径が r，高さが r の円柱の $\dfrac{4}{3}$ 倍と等しいよ。

半径 r の3乗だから，$r \times r \times r$ だね。

練習3 次の問題に答えましょう。

円周率は π を使って解こう。

(1) 下の四角錐の体積を求めましょう。

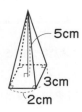

5cm
3cm
2cm

(2) 下の円錐の体積を求めましょう。

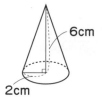

6cm
2cm

(3) 下の球の表面積と体積を求めましょう。

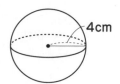

4cm

求めるものが表面積か，体積かに注意して解こう。

1　次の立体の表面積を求めましょう。

(1)　直方体

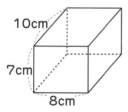

10cm
7cm
8cm

(2)　円柱

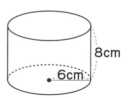

8cm
6cm

2　右の展開図を組み立ててできる立体の表面積を求めましょう。

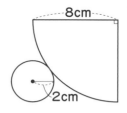

8cm
2cm

3　次の立体の体積を求めましょう。

(1)　四角錐

9cm
6cm
8cm

(2)　球

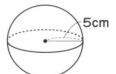

5cm

アルキメデスのお墓

立体や球の表面積や体積について学習したね。右の図のような球とそれがぴったり収まる円柱の間には次の関係が成り立つことがわかっているよ。

> 球の表面積は円柱の表面積の $\frac{2}{3}$，球の体積は円柱の体積の $\frac{2}{3}$

これを発見したのは，古代ギリシアのアルキメデスという人物。あるとき彼は，住んでいる島へローマ兵が攻(せ)めてきたことに気づかず，数学の問題を解いていた。ローマ兵についてこいと命令されても，「この問題が解けてから」と答えたために，ローマ兵はおこってアルキメデスを殺してしまったんだ（彼の死については他にも様々な話がある）。アルキメデスは，数学以外にもいろんな業績を残していた科学者だったので，ローマ軍の大将は彼の死を悲しみ，アルキメデスの遺言(ゆいごん)通りに，図のような球と円柱を使ったお墓をたてたといわれているよ。

データの活用

（「資料の調べ方」をよりくわしく学ぼう）

✏ 小学校で学習するデータをまとめるための方法

　このページの勉強を始める前に，まず 24 ページの「資料の調べ方」を復習しましょう。データを見やすくまとめる方法として，ドットプロット，度数分布表，ヒストグラムがあります。データからは，最大値，最小値，ちらばりの範囲，平均値，中央値，最頻値が読み取れます。

【例】登校時間のデータ　5, 9, 13, 22, 17, 22, 10, 13, 13, 5, 23, 19, 16, 8, 13, 16

（単位は分）

●ドットプロット

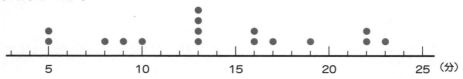

●度数分布表

登校時間（分）	人数（人）
5分以上～10分未満	4
10 ～ 15	5
15 ～ 20	4
20 ～ 25	3
計	16

●ヒストグラム

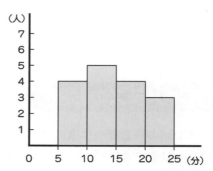

練習1　次の問題に答えましょう。

　上の【例】のデータは，ある中学生たちが学校へ通うときの，自宅から学校までの登校時間を調べたものです。

(1)　最大値，最小値，ちらばりの範囲を答えましょう。

(2)　平均値を答えましょう。

(3)　中央値，最頻値を答えましょう。

中学校で学習するデータを整理・活用するための方法として，階級値，度数折れ線，相対度数，累積度数，累積度数分布表，累積相対度数などがあります。

●階級値…各階級の中央の値。

●度数折れ線…ヒストグラムの各長方形の上の辺の中点を結んだ折れ線グラフ。

【例1】 度数折れ線

度数折れ線では，ヒストグラムの左右の両端に度数0の階級があるものとして，横軸にくっつけるよ。

●相対度数…度数の合計に対する各階級の度数の割合。

【例2】 中学生20人の数学の小テスト（20点満点）の成績と相対度数

階級（点）	度数（人）	相対度数
0点以上 ～ 4点未満	1 ❶	0.05
4 ～ 8	2	0.10
8 ～ 12	5	0.25
12 ～ 16	8	0.40
16 ～ 20	4	0.20
計	20 ❷	1.00

例えば0点以上4点未満の部分は❶÷❷を計算して，普通は小数で求めるよ。小数点以下のけた数はそろえておこう。

相対度数の合計は1になるよ。

●累積度数…度数分布表において，各階級以下または各階級以上の階級の度数をたしたもの。

●累積度数分布表…累積度数を表にまとめたもの。

【例3】 中学生20人の数学の小テスト（20点満点）の成績の累積度数分布表

階級（点）	度数（人）	累積度数
0点以上 ～ 4点未満	1	1 ❸
4 ～ 8	2 ❹	3
8 ～ 12	5	8
12 ～ 16	8	16
16 ～ 20	4	20
計	20	

最初の累積度数は，度数と同じ値を書くよ。

4～8点の累積度数は❸+❹の値を書くよ。

● 累積相対度数…度数の合計に対する各階級の累積度数の割合。

【例3】 中学生 20 人の数学の小テスト（20 点満点）の成績と累積相対度数

階級（点）	度数（人）	累積度数	累積相対度数
0 点以上 ～ 4 点未満	1	1	0.05
4 ～ 8	2	3 ❺	0.15
8 ～ 12	5	8	0.40
12 ～ 16	8	16	0.80
16 ～ 20	4	20	1.00
計	20 ❻		

4 点以上 8 点未満の累積相対度数は，❺÷❻の値を書くよ。

練習2　次の問題に答えましょう。

次のデータは，ある日の 20 人の中学生のスマートフォンの使用時間を調べたものです。

78　99　62　80　104　82　78　74　68　76

53　74　78　61　82　70　86　93　75　69　　（単位は分）

(1) 平均値，中央値，最頻値，最大値，最小値，範囲を答えましょう。

(2) 次の表を利用して，度数分布表を作成しましょう。階級の幅は 10 分とします。

階級（分）	度数（人）
50 分以上 ～ 60 分未満	
計	

(3)　次の表を利用して，各階級の相対度数を求めましょう。

階級（分）	度数（人）	相対度数
50分以上　～　60分未満		
計		

(4)　次の図を利用して，このデータのヒストグラムを作成しましょう。

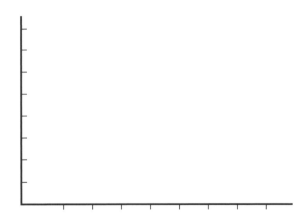

スーパーコンピューターの処理速度

　現代のコンピューターは，膨大なデータを瞬時に処理し，複雑な問題に対しても正確な答えを出せるようになってきたよ。例えば，天気予報をするためには，たくさんの場所の気温や気圧，風向などのデータが必要で，コンピューターの処理能力が上がると，より正確な結果をより速く出せるようになるんだ。

　日本で作られた「富岳」は，2020年6月現在で，データを世界最速で処理できるスーパーコンピューターだよ。1秒間に約41.6京回（「京」は1億の1億倍！）も計算できるんだ。もし，計算1回につき1枚のコピー用紙をこの速度で積み上げていくと，1秒間で地球と月の間の距離の約10万倍の高さになるんだよ！

チャレンジ

問題1 **以下の文章を読み，あとの問いに答えましょう。**

　しんいちさんの学校のあるクラスでパーティーを開くことになり，そこで出すクッキーをたくさん用意することになりました。その話を聞いたしんいちさんは，パーティー参加者の人数と用意されたクッキーの数を推理してみようと考えました。

　しんいちさんが友だちから聞いた話によると，1人に2個ずつクッキーを配るとすると，15個余るそうです。

　また，1人に4個ずつ配ると，65個足りなくなるそうです。

　そこでしんいちさんは，パーティー参加者の人数を x 人としました。

　そのあと，しんいちさんはしばらく考えてから，

「x を使って表すと，1人に2個ずつクッキーを配ったときのクッキーの数は全部で

　　① 　個となって，1人に4個ずつクッキーを配ったときのクッキーの数は全部で

　　② 　個となるね。」とつぶやきました。

　また少し考えてから，紙とえんぴつを持ってきて，「うーん，これは中学校で習う

　　③ 　を使って求められそうだ。」と言い，すぐに計算を始めました。そして，「わかったぞ！そのクラスのパーティー参加者の人数は，　　④ 　人，用意されたクッキーの数は，　　⑤ 　個だ！」と言いました。

(1)　文章中の①～⑤までの空欄(くうらん)に正しい数字，式，または言葉を入れて文章を完成させましょう。

(2)　文中の下線部「計算」とは，どのような計算か説明しましょう。

以下の文章を読み，あとの問いに答えましょう。

　ゆりあさんが17時10分に帰宅したときには，お母さんはどこかへ出かけていて，家にはだれもいませんでした。

　ゆりあさんが手を洗おうと洗面台に立つと，風呂場から水の音が聞こえてきました。中をのぞいてみると，風呂のじゃ口から少しずつ水が湯ぶねに注がれていて，水がたまっていることに気づきました。

　そこでゆりあさんは，お母さんが何時何分にじゃ口を開けたのかを推理してみることにしました。

　まず，メジャーと定規を使って，浴そうの寸法と水の深さを測ると，図のようになっていました。

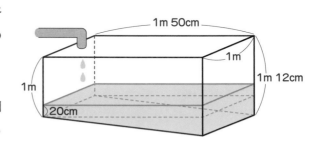

　水の深さはじゃ口から遠いほど深くなりますが，いちばん浅いところで測ると20cmでした。このとき時計を見ると17時20分でした。

　次に，水の深さが何分間で何cm増えるかを時計を見て調べてみると，水の深さは5分間で2cm増えていました。

　ゆりあさんは，これらの測定値をもとに計算して，お母さんがじゃ口を開けた時間を推理しました。家に帰ってきたお母さんに確認すると，ゆりあさんの推理通りの時間でした。

(1)　17時20分の時点でたまった水の総量は何 m³ ですか。

(2)　水は毎分何 m³ 増えていますか。

(3)　17時20分の時点で，じゃ口を開けてから何分経過していると考えられますか。

(4)　お母さんがじゃ口を開けたのは何時何分だと予想できますか。

答えと解説

▶ 32 ～ 35 ページ

① 正の数と負の数

●答え

練習1 (1)　＋1　　　　(2)　－6

　　　 (3)　$-\dfrac{1}{2}$　　 (4)　＋0.3

練習2 (1)　－5＜－1

　　　 (2)　－2＜＋2

練習3 (1)　8　　　　　(2)　$\dfrac{6}{5}$

　　　 (3)　4.7　　　　(4)　$\dfrac{1}{9}$

問題1 (1)　＋18　　　(2)　－0.5

　　　 (3)　$-\dfrac{1}{7}$　　 (4)　＋0.01

問題2 (1)　－6＜0

　　　 (2)　－3＜＋2

　　　 (3)　＋1＜＋5

　　　 (4)　－1＞－5

問題3 (1)　9　　　　　(2)　9

　　　 (3)　5.8　　　　(4)　$\dfrac{1}{12}$

●解説

練習1　　0より大きい数は正の数で＋を，
　　　　　0より小さい数は負の数で－をつ
　　　　　ける。

練習2　　数直線の右の方向へ行くほど大
　　　　　きい数になる。

練習3　　絶対値は，＋，－の符号をとる。

▶ 36 ～ 39 ページ

② 加法と減法

●答え

練習1 (1)　＋13　　　(2)　－13

　　　 (3)　－1　　　　(4)　＋1

練習2 (1)　－1　　　　(2)　＋1

　　　 (3)　＋13　　　(4)　－13

練習3 (1)　－2　　　　(2)　－5

　　　 (3)　＋12　　　(4)　－12

問題　 (1)　＋11　　　(2)　－14

　　　 (3)　－3　　　　(4)　－4

　　　 (5)　＋7　　　　(6)　＋2

　　　 (7)　＋12　　　(8)　－10

　　　 (9)　－9　　　 (10)　－4

●解説

練習1 (1)　（＋6）＋（＋7）＝＋（6＋7）

　　　 (2)　（－6）＋（－7）＝－（6＋7）

　　　 (3)　（＋6）＋（－7）＝－（7－6）

　　　 (4)　（－6）＋（＋7）＝＋（7－6）

練習2 (1)　（＋6）－（＋7）

　　　　　＝（＋6）＋（－7）

　　　　　＝－（7－6）

　　　 (3)　（＋6）－（－7）

　　　　　＝（＋6）＋（＋7）

　　　　　＝＋（6＋7）

練習3 (2)　（－6）－（＋4）－（－2）＋（＋3）

　　　　　＝（－6）＋（－4）＋（＋2）＋（＋3）

▶ 40 ～ 43 ページ

③ 乗法と除法

●答え

練習1 (1) ＋56 (2) ＋27
(3) －24 (4) －10
(5) －120 (6) ＋56

練習2 (1) 2^3 (2) $(-5)^2$

練習3 (1) 36 (2) －36
(3) －27 (4) －27

練習4 (1) ＋3 (2) －3
(3) $+\dfrac{5}{7}$ (4) －15

問題 (1) ＋18 (2) －28
(3) ＋80 (4) －72
(5) 49 (6) －49
(7) $-\dfrac{7}{5}$ (8) $-\dfrac{1}{3}$
(9) $+\dfrac{2}{11}$ (10) $+\dfrac{2}{7}$

●解説

練習1 (1) $(+8) \times (+7) = +(8 \times 7)$
(2) $(-3) \times (-9) = +(3 \times 9)$
(3) $(+6) \times (-4) = -(6 \times 4)$
(4) $(-5) \times (+2) = -(5 \times 2)$
(5) $(-3) \times (-8) \times (-5)$
$= -(3 \times 8 \times 5)$
(6) $(+4) \times (-7) \times (-2)$
$= +(4 \times 7 \times 2)$

練習3 (1) $(-6)^2 = (-6) \times (-6)$
(2) $-6^2 = -(6 \times 6)$

練習4 (3) $(-5) \div (-7) = +(5 \div 7)$
(4) $\dfrac{10}{3} \div \left(-\dfrac{2}{9}\right) = \dfrac{10}{3} \times \left(-\dfrac{9}{2}\right)$

▶ 44 ～ 47 ページ

④ 文字と式

●答え

練習1 (1) $(x \times 6)$ 円
(2) $(500 - y)$ 円
(3) $(1000 \times a + 250 \times b)$ mL
(4) $(20 \div c)$ cm

練習2 (1) $3xy$ (2) $-2ab$
(3) $\dfrac{x}{9}$ (4) $\dfrac{3a + b}{2}$

練習3 (1) －12 (2) ＋12
(3) ＋36 (4) －36
(5) －22 (6) 38

問題1 (1) $-xy$ (2) $7a^2$
(3) $\dfrac{b}{5}$ (4) $\dfrac{x + 2}{4}$

問題2 (1) ab cm²
(2) $(3x + 2y)$ 円

問題3 (1) －24 (2) －8

●解説

練習2 (1), (2) 数は文字の前に書き，文字は
アルファベット順に並べる。
(3), (4) わり算（除法）は分数の形で
書く。

練習3 式に，$x = -6$ を代入する。
(1) $2x = 2 \times (-6)$
(2) $-2x = -2 \times (-6)$
(3) $x^2 = x \times x = (-6) \times (-6)$
(4) $-x^2 = -1 \times x \times x$
$= -1 \times (-6) \times (-6)$
(5) $5x + 8 = 5 \times (-6) + 8$
(6) $8 - 5x = 8 - 5 \times (-6)$

▶ 48 〜 51 ページ

⑤ 文字式の計算

●答え

練習1 (1) $3x$, 5 　(2) $-2x$, -9

(3) $4x^2$, $-7y$, -1

(4) $\dfrac{2}{3}x$, $\dfrac{3}{4}$

練習2 (1) 8 　(2) $-\dfrac{5}{6}$

練習3 (1) $12x$ 　(2) $7x-2$

(3) $2x+2$ 　(4) $14x-8$

練習4 (1) $56x$ 　(2) $\dfrac{1}{2}x$

(3) $8x-36$ 　(4) $-3x-2$

問題1 (1) 項：$8x$, -6 　係数：8

(2) 項：$-5x$, $\dfrac{1}{4}$ 　係数：-5

問題2 (1) $16x$ 　(2) $-5x$

(3) $4x+4$ 　(4) $-x-12$

(5) $-36x$ 　(6) $16x$

(7) $-24x+20$ (8) $-x-6$

●解説

練習3 (1) $5x+7x=(5+7)x$

(2) $-2x+4+9x-6$

$=-2x+9x+4-6$

$=(9-2)x+(4-6)$

(3) $(8x-3)+(-6x+5)$

$=8x-3-6x+5$

(4) $(8x-3)-(-6x+5)$

$=8x-3+6x-5$

練習4 (3) $4(2x-9)$

$=4\times2x+4\times(-9)$

▶ 52 〜 55 ページ

⑥ 方程式

●答え

練習1 (1)

x	-2	-1	0	1	2
$2x+4$	0	2	4	6	8

方程式の解：$x=-1$

(2)

x	-2	-1	0	1	2
$-3x-1$	5	2	-1	-4	-7

方程式の解：$x=1$

練習2 (1) $\dfrac{4}{5}$ 　(2) $\dfrac{1}{3}$

(3) 2 　(4) $\dfrac{6}{5}$

練習3 (1) $x=9$ 　(2) $x=-8$

(3) $x=-4$ 　(4) $x=-2$

問題1 (1)

x	-2	-1	0	1	2
$4x-7$	-15	-11	-7	-3	1

方程式の解：$x=2$

(2)

x	-2	-1	0	1	2
$-5x-6$	4	-1	-6	-11	-16

方程式の解：$x=1$

問題2 (1) $\dfrac{1}{3}$ 　(2) $\dfrac{9}{2}$

問題3 (1) $x=10$ 　(2) $x=-20$

(3) $x=-42$ 　(4) $x=-7$

●解説

練習3 (1) $x-7=2$

$x-7+7=2+7$

(2) $x+5=-3$

$x+5-5=-3-5$

(3) $\dfrac{x}{8}=-\dfrac{1}{2}$

$\dfrac{x}{8}\times8=-\dfrac{1}{2}\times8$

7 平面図形

●答え

練習1(1) CD ⊥ EF (2) CD // EF

(3) ∠ DEF (4) △ DEF

練習2(1) 対称移動 (2) 平行移動

(3) 回転移動

練習3(1) 弧の長さ：$\dfrac{5}{3}\pi$ cm

面積：$\dfrac{25}{6}\pi$ cm²

(2) 弧の長さ：$\dfrac{21}{2}\pi$ cm

面積：$\dfrac{147}{4}\pi$ cm²

問題1(1) 線分 AB (2) 半直線 BA

(3) 直線 AB

問題2(1) AB // CD (2) AB ⊥ CD

(3) △ ABC

問題3(1) エ (2) イ

問題4 弧の長さ：$\dfrac{8}{3}\pi$ cm

面積：$\dfrac{16}{3}\pi$ cm²

●解説

練習3(1) 弧の長さ：$2\pi \times 5 \times \dfrac{60}{360}$

面積：$\pi \times 5^2 \times \dfrac{60}{360}$

(2) 弧の長さ：$2\pi \times 7 \times \dfrac{270}{360}$

面積：$\pi \times 7^2 \times \dfrac{270}{360}$

問題4 弧の長さ：$2\pi \times 4 \times \dfrac{120}{360}$

面積：$\pi \times 4^2 \times \dfrac{120}{360}$

8 平面図形の作図

●答え

練習1(1) 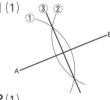 (2)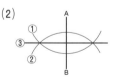

練習2(1) (2)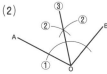

(3) 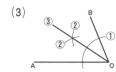 (4)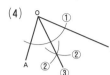

練習3(1) 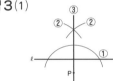 (2)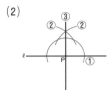

問題 (1) (2)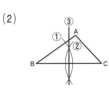

(3) (4)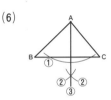

(5) (6)

●解説

練習1〜3，問題 ①，②，③の順に作図
する。

中学校の予習
答えと解説

85

❾ いろいろな立体

●答え

練習1(1)　六面体　　　(2)　七面体

　　　(3)　四面体

練習2(1)　五角柱　　　(2)　正三角柱

　　　(3)　正四角錐　(4)　六角錐

練習3(1)　正四面体，正八面体，正二十面体

　　　(2)　正二十面体

問題1　ア，エ

問題2(1)　底面の図形：正方形

　　　　　側面の図形：長方形

　　　(2)　底面の図形：五角形

　　　　　側面の図形：三角形

問題3(1)　正八面体　(2)　正二十面体

　　　(3)　正十二面体

　　　(4)　正六面体（立方体）

●解説

練習1(1)　底面の数が2，側面の数が4なので，六面体。

　　　(2)　底面の数が2，側面の数が5なので，七面体。

　　　(3)　底面の数が1，側面の数が3なので，四面体。

練習2　　角柱と角錐は，底面の図形によって名前が決まる。底面が五角形の角柱なら，五角柱となる。

練習3(1)　図を見ると，面が正三角形なのは正四面体と正八面体と正二十面体の3つ。

　　　(2)　数えてみると，1つの頂点に集まる面の数が5であるのは，正二十面体。

❿ 空間の直線と平面の関係

●答え

練習1(1)　○　　　　　(2)　○

練習2(1)　三角柱　　　(2)　六角柱

　　　(3)　円柱

練習3(1)　三角柱　　　(2)　六角錐

問題1(1)　2cm

　　　(2)　ねじれの位置にある。

問題2(1)　円錐　　　　(2)　円柱

問題3　立方体（正六面体）

●解説

練習1(1)　平行である2直線は，同じ平面上にある。

　　　(2)　直線が平面にふくまれているときは，同じ平面上にある。

練習2(1)〜(3)　三角形，六角形，円をその面に垂直な方向に10cm動かすと，それぞれ高さが10cmの三角柱，六角柱，円柱ができる。

練習3　　展開図を組み立てると，次のようになる。

(1) 　(2)

▶ 72 ～ 75 ページ

⑪ 立体の表面積と体積

●答え

練習1　$192\pi \, \text{cm}^2$

練習2(1)　$85 \, \text{cm}^2$　　(2)　$168 \, \text{cm}^3$

練習3(1)　$10 \, \text{cm}^3$　　(2)　$8\pi \, \text{cm}^3$

　　　(3)　球の表面積：$64\pi \, \text{cm}^2$

　　　　　球の体積：$\dfrac{256}{3}\pi \, \text{cm}^3$

問題1(1)　$412 \, \text{cm}^2$　　(2)　$168\pi \, \text{cm}^2$

問題2　$20\pi \, \text{cm}^2$

問題3(1)　$144 \, \text{cm}^3$　　(2)　$\dfrac{500}{3}\pi \, \text{cm}^3$

●解説

練習1　$(\pi \times 6^2) \times 2 + 10 \times (2\pi \times 6)$

　　　　$= 36\pi \times 2 + 120\pi = 192\pi \, (\text{cm}^2)$

練習2(1)　$5 \times 5 + (5 \times 6 \div 2) \times 4$

　　　　　$= 25 + 60 = 85 \, (\text{cm}^2)$

　　　(2)　$(8 \times 6 \div 2) \times 7 = 168 \, (\text{cm}^3)$

練習3(1)　$\dfrac{1}{3} \times (2 \times 3) \times 5 = 10 \, (\text{cm}^3)$

　　　(2)　$\dfrac{1}{3} \times (\pi \times 2^2) \times 6 = 8\pi \, (\text{cm}^3)$

　　　(3)　球の表面積：$4\pi \times 4^2 = 64\pi \, (\text{cm}^2)$

　　　　　球の体積：$\dfrac{4}{3} \times \pi \times 4^3$

　　　　　　　　　　$= \dfrac{256}{3}\pi \, (\text{cm}^3)$

問題2　$\pi \times 2^2 + \pi \times 8^2 \times \dfrac{90}{360}$

　　　　$= 4\pi + \pi \times 64 \times \dfrac{1}{4}$

　　　　$= 4\pi + 16\pi = 20\pi \, (\text{cm}^2)$

▶ 76 ～ 79 ページ

⑫ データの活用

●答え

練習1(1)　最大値　23　　最小値　5

　　　　　ちらばりの範囲　18

　　　(2)　平均値　14

　　　(3)　中央値　13　　最頻値　13

練習2(1)　平均値　77.1　　中央値　77

　　　　　最頻値　78　　　最大値　104

　　　　　最小値　53　　　範　囲　51

　　　(2)　度数分布表

階級（分）	度数（人）
50 分以上～60 分未満	1
60 ～ 70	4
70 ～ 80	8
80 ～ 90	4
90 ～ 100	2
100 ～ 110	1
計	20

　　　(3)　相対度数

階級（分）	度数（人）	相対度数
50 分以上～60 分未満	1	0.05
60 ～ 70	4	0.20
70 ～ 80	8	0.40
80 ～ 90	4	0.20
90 ～ 100	2	0.10
100 ～ 110	1	0.05
計	20	1.00

　　　(4)　ヒストグラム

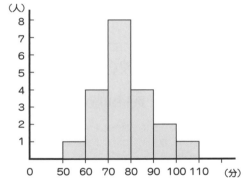

●解説

練習1(2) 平均値：224 ÷ 16 ＝ 14

(3) データの数が偶数なので，中央値は最小から8番目と最大から8番目の平均となるから，13。

▶ 80 ～ 81 ページ

チャレンジ

●答え

問題1(1)① $2x + 15$ 　　② $4x - 65$

③ （1次）方程式 　　④ 40

⑤ 95

(2) （例）$2x + 15 = 4x - 65$ より，

$2x = 80$ 　$x = 40$

$2 \times 40 + 15 = 95$

問題2(1) 0.39 m^3 　(2) 0.006 m^3

(3) 65 分 　(4) 16 時 15 分

●解説

問題2(1) 17 時 20 分ての水の体積は，

$1 \times 1.5 \times 0.2 + 1.5 \times 0.12 \div 2 \times 1 = 0.39$ （m^3）

(2) 5 分で 2cm 水が増えるので，

$0.02 \times 1.5 \times 1 = 0.03$ （m^3）増えているとわかる。よって，1 分では $0.03 \div 5 = 0.006$ （m^3）となる。

(3) $0.39 \div 0.006 = 65$ （分）

(4) 17 時 20 分 － 65 分 ＝ 16 時 15 分

初版
第 1 刷　2021年 1 月10日　発行

●編 者
　数研出版編集部
●カバー・表紙デザイン
　株式会社ブックウォール

発行者　星野 泰也
ISBN978-4-410-15366-2

小学算数の復習＆中学数学のさきどりノート

発行所　数研出版株式会社

〒101-0052 東京都千代田区神田小川町 2 丁目 3 番地 3
〔振替〕00140-4-118431
〒604-0861 京都市中京区烏丸通竹屋町上る大倉町205番地
〔電話〕代表（075）231-0161
ホームページ　https://www.chart.co.jp
印刷　創栄図書印刷株式会社